原発事故
10年目の真実

始動した再エネ水素社会

Road to the end of nuclear power

菅直人

Kan Naoto

幻冬舎

原発事故10年目の真実

始動した再エネ水素社会

原発ゼロは実現している――まえがき

２０１１年3月11日の東日本大震災、東京電力福島第一原子力発電所事故発生から10年が過ぎようとしている。

地震と原発事故発生翌日の3月12日早朝、私は首相官邸から自衛隊のヘリで福島第一原発の現地に飛び、吉田昌郎所長と面談した。その日の午後には1号機が水素爆発を起こし、原子炉建屋が吹っ飛んだ。続いて14日に3号機、15日には4号機も水素爆発を起こした。同じ15日、2号機は水素爆発には至らなかったが、原子炉格納容器に亀裂が入ったのか、大量の放射性物質が漏洩した。

1、2、3号機では相次いで核燃料が溶けるメルトダウンが始まった。そしてメルトダウンした核燃料がその熱で原子炉圧力容器の鋼鉄製の壁を突き抜け、格納容器の底に達するメルトスルーを引き起こした。世界の原発事故史上、最大で最悪の事故となった。

私は総理在任中はもとより、退任後も、少なくとも年一回は福島第一原発の現地視察を続けている。毎年現地に行くと外見はかなり変化してきているのが分かる。最も大きな変化は、敷地内にぎっしり並ぶ、汚染水を貯蔵するタンク群だ。事故を起こした原発は爆発で破壊された建屋が修復されてきた。そのほか新しい建物も増えている。

しかし、メルトダウンし、さらにメルトスルーを起こした1号機から3号機の内部は、事故直後からほとんど変わっていないはずだ。核燃料が溶け、他の金属物質と混ざった「燃料デブリ」と呼ばれる放射性廃棄物が、格納容器の底などに大量に残されていることは確認されている。しかしデブリは人間が近づけば短時間で死に至るほどに放射線量が高く、格納容器内に人が入って作業することは不可能だ。事故から10年が経過した今日でも、ロボットなどでデブリの位置や形状を調査している段階である。

ここに原発事故の恐ろしさがある。通常の火災や爆発事故であればどんな大規模なものでも、10年も経過すれば、爆発物はなくなり、瓦礫は撤去され、装置のあった敷地は更地に戻され、新しい建造物ができているだろう。

しかし福島第一原発では10年が経過しても事故を起こした原発の本体はその場所に残り、敷地は更地に戻すことはできず、今後原発の跡地をどうするかの計画すら立てられない。原発の敷地だけではない。原発の周辺で暮らしていた何万もの人々の多くが従来住んでいた場所には帰れていない。これが長期に及ぶ放射能被害の怖さだ。

私は福島原発事故が起こるまでは、日本の原子力技術者は能力が高いので、チェルノブイリやスリーマイル島のような人為的ミスによる大きな原発事故は起こさないと考えていた。こうした「原発安全神話」を原子力の専門家の多くも信じていた。

しかし実際には世界で最大の原発事故が日本で起きた。日本列島は世界の中でも最も地震の多い地域であり、島国であることから地震に伴う津波も歴史上きわめて多い地域である。それなのに、地震と津波による原発事故の可能性をほとんど考慮していなかったのだ。今ではこのことについての不明を恥じている。日本の海岸沿いに多くの原発を建設し、原発は事故を起こさないと考えてきたことが間違いであったと痛感している。

そこで総理大臣として福島原発事故に直面した政治家の責任として、日本の原発をゼロにすることを総理退任後の政治活動の中心にすると決意した。

そして同時に原発をゼロにしても、CO_2（二酸化炭素）を排出しないで日本が必要とする電力を日本国内で自給できる方法を考えた。

その結果、ソーラーシェアリング（営農型太陽光発電）を活用すれば日本が必要とする電力の全量の発電が可能だということが分かった。

ソーラーシェアリングとは農地の上空3メートル程度の高さにソーラーパネルを間隔をあ

けて配置する発電と農業を両立させる方法で、現在すでに各地で実施されている。私自身いくつかの施設を視察し、発電と農業とで十分な収入が得られていることを確認した。

福島原発事故から10年が経過したが、この間、日本では原発の新設はなく、稼働する原発も限られている。近年では、原発による発電量は日本全体の発電量の3パーセント程度で推移しており、再生可能エネルギー発電の6分の1程度に留まっている。実質的には原発ゼロはほぼ実現していると言える状態だ。しかし最近「原子力ムラ」による原発復権を目指す動きが目立ってきた。

そうしたなか、菅義偉《すがよしひで》総理は２０２０年10月の所信表明演説で、２０５０年までにCO_2排出ゼロを旗印に掲げた。私もCO_2の排出削減には賛成だ。しかしCO_2の排出削減を口実に原発回帰を図る自民党の動きが活発化し始めており、警戒が必要だ。

原発の新設は世界的に安全基準が厳しくなり、建設コストも従来に比べ2倍から3倍に高騰し、再生可能エネルギーなどに比べ大幅に割高になることから、採算に合わなくなっている。そのことは大半のエネルギーの専門家には分かってきている。

それにもかかわらず、原子力にかかわる利権を温存継続しようとする日本の原子力ムラは、原発の再稼働や新設に向けて暗躍を続けている。

この10年間で原発が発電した電力量は微々たるもので、原発へのこれ以上の投資は採算が合わない。国民的立場に立てば、原発をあきらめて再生可能エネルギー中心の発電に舵《かじ》を切ることが望ましいことは、今やエネルギー専門家の常識である。

つまり勝負はついているのだ。

藤井聡太二冠の活躍で将棋がブームになっているが、プロの棋士の公式戦では、どちらかの王がとられて勝負がつくことはまずない。お互いに何手も先を読み、どうやっても勝てないと分かった時点で、「参りました」と言って「投了」して終わる。

原発推進派は、安全面でもコスト面でも使用済み核燃料の処理でも八方ふさがりで、勝ち目がなくなっているのは明らかで投了すべきだ。それなのに投了しようとしない。往生際が悪いのだ。

将棋では投了した時点の局面を「投了図」と呼ぶ。プロ同士のハイレベルな戦いの投了図は、素人目にはどうして負けが決まったのか分からないことが多い。原発の現状も、それと似ている。専門用語も多いし、政治的にもデリケートな問題が多いので明快に言い切ることが難しいのは事実で、原発推進派に勝ち目がないこと、つまり「原発ゼロ」は避けられないことが見えにくい。

私はこの本で「原発ゼロ」が実質上すでに実現しており、避けられない道だということを解説したい。将棋で言う投了図の解説を試みたい。

そしてもうひとつ、「原発ゼロ」であってもソーラーシェアリング（営農型太陽光発電）など再生可能エネルギーを活用することで、日本が必要とする電力は１００パーセント供給可能であることも、具体的に説明したい。

目次

第2章 再生可能エネルギーと水素社会

第3章 真の電力改革

第4章　原発と政治

第1章

「原発ゼロ」の真実

原発による発電がゼロになった日

福島第一原発事故から10年が過ぎ、原発の再稼働のニュースがたびたび流れるので、再稼働する原発が次第に増えていると誤解している人が多くなっているようだが、真実はそうではない。

考えてみてほしい。もともと原発は毎年定期検査のため、年一回は停止していた。福島原発事故直前の時点で日本には54基の原発が存在し、停止と再稼働は日常的に繰り返されており、特段のニュースにもならなかった。しかし福島原発事故後、すべての原発はいったん運転停止し、その大半が停止したままだ。

そうした原発がたまに再稼働されると珍しいのでニュースになる。そのために次々と稼働する原発が増えているように錯覚をしている人が多いのだ。しかし真実はそうではない。この原稿を書いている２０２１年１月の時点でも日本で稼働している原発は４基にすぎない。

どうしてこうなったのか。それは私が総理在任中、原発の再稼働に対し安全性を重視する厳しい姿勢で臨み、原発の再稼働の認可条件が厳しくなったためだ。

福島原発事故の２０１１年３月以降、地震、津波の影響や定期検査のために原発は次々と停止していった。最後まで稼働を続けていたのは北海道の泊《とまり》原発３号機だった。それが２０

１２年５月５日に定期検査のために停止し、その時点で日本国内には稼働している原発はなくなった。つまり原発稼働ゼロが実現したのだ。

首相官邸前で「再稼働反対」のデモが盛んになり始めたのはこの頃、つまり泊《とまり》原発が停止した頃からだった。夏に向かって関西電力は大飯《おおい》原発の再稼働が必要だと主張。それに反対する市民が毎週のように官邸前に集まり始めたのだ。

結局、野田政権は大飯原発３号機と４号機の再稼働を認め、７月に運転再開したので、最初の「原発稼働ゼロ」は２か月ほどだった。

しかし安倍政権になってからの２０１３年９月に、大飯原発の２基は定期検査のため止まり、その時点では他にはどこも再稼働できていなかったので、再び「原発ゼロ」となった。この二度目の「ゼロ」は、２０１５年８月に川内《せんだい》原発１号機が再稼働するまで約２年続いた。

こうして発電総量に占める原発の割合は、福島原発事故が起きる前の２０００年には34パーセントもの比率であったが（この年が最も原発比率が高かった）、２０１４年には年間を通じてもゼロとなり、その後も再稼働された原発があっても、発電比率は３パーセント前後で推移している。つまりほぼゼロに近い水準に留まっているのだ。

これに対して再生可能エネルギーによる発電電力量は約20パーセントまで伸びている。

原発ゼロが進んだのは福島原発事故発生後、私が取り組んだ原発規制機関改革がかなりの

日本の原子力関連施設（2020年11月6日現在）

❶泊発電所
①審 ②審 ③審

❷大間原子力発電所
建審

❸東通原子力発電所
①審 ②計 ①建

❹女川原子力発電所
①廃 ②合 ③未

❺福島第一原子力発電所
①廃 ②廃 ③廃 ④廃 ⑤廃 ⑥廃

❻福島第二原子力発電所
①廃 ②廃 ③廃 ④廃

❼柏崎刈羽原子力発電所
①未 ②未 ③未 ④未 ⑤未 ⑥合 ⑦合

❽志賀原子力発電所
①未 ②審

❾Ⓒ東海第二発電所 合
東海発電所 廃

❿浜岡原子力発電所
①廃 ②廃 ③審 ④審 ⑤未

運 運転中	建 建設中
合 審査合格	計 計画中
審 審査中	廃 廃止（運転終了）
未 未申請	

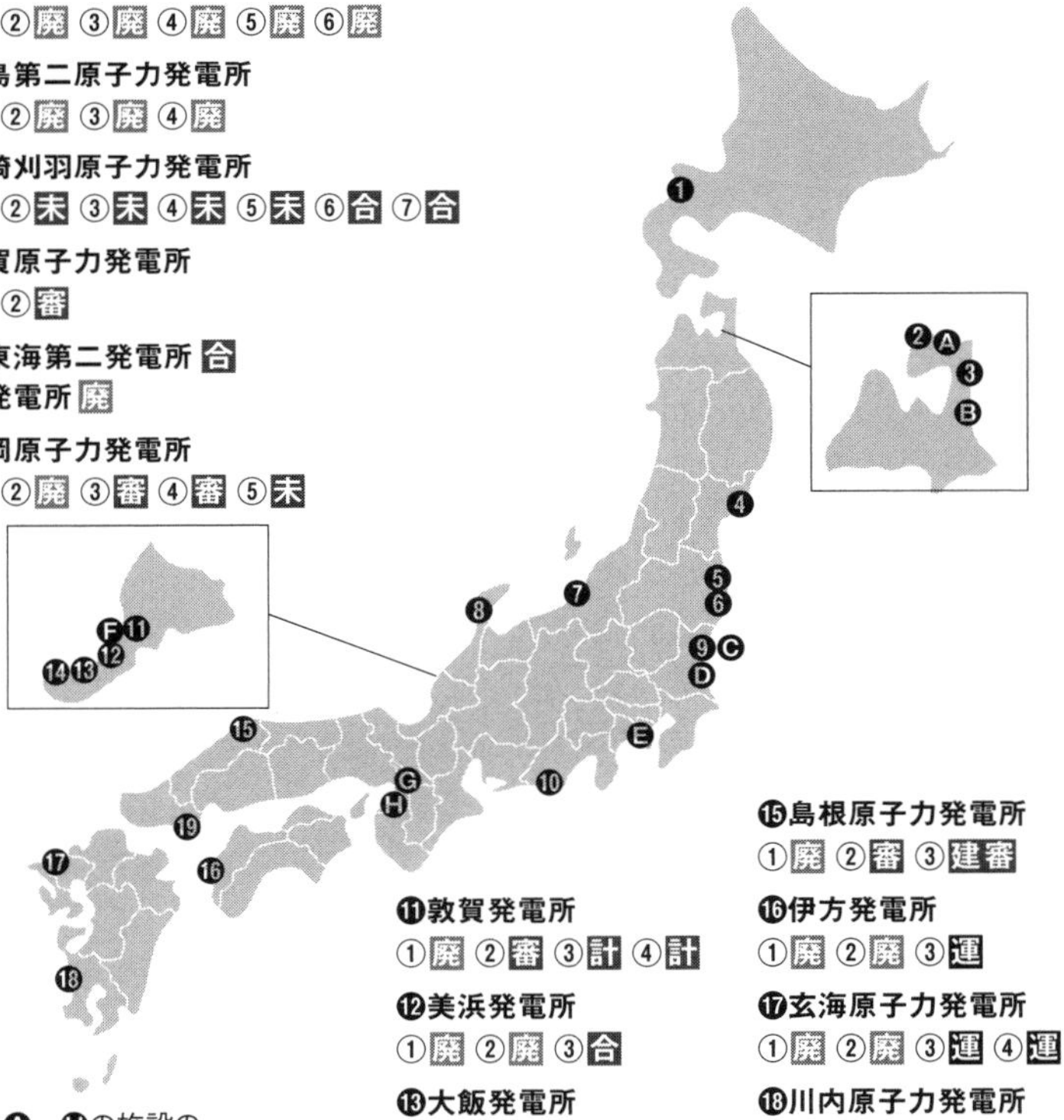

⓫敦賀発電所
①廃 ②審 ③計 ④計

⓬美浜発電所
①廃 ②廃 ③合

⓭大飯発電所
①廃 ②廃 ③運 ④運

⓮高浜発電所
①合 ②合 ③運 ④運

⓯島根原子力発電所
①廃 ②審 ③建審

⓰伊方発電所
①廃 ②廃 ③運

⓱玄海原子力発電所
①廃 ②廃 ③運 ④運

⓲川内原子力発電所
①運 ②運 ③計

⓳上関原子力発電所
①計 ②計

※Ⓐ～Ⓗの施設の
詳細はP.46を参照

再稼働したのは9基だが
定期検査で止まるため、
2021年1月現在、
4基しか動いていない。

出典：原子力総合パンフレット 日本原子力文化財団

スピードで進んだことによるところが大きい。

従来原発の安全性などを審査する「原子力規制」は経産省の一部局である原子力安全・保安院が担当していた。しかし原発事故の前から、原発推進官庁の経産省の中に原発の安全性を審査する機関があるのはおかしいと、国内外から批判を浴びていた。そこで私は、経産省から独立した、原発の安全性を厳しく審査できる組織の設立を進めた。

その結果、２０１２年９月、私の次の民主党・野田内閣のときに、自民党も含む与野党の賛成で、経産省から完全に独立した原子力規制委員会が設立された。これ以降、原発の安全性はすべて原子力規制委員会で審査されている。

原子力規制委員会は原発について新規制基準を定め、それに適合した原発だけに再稼働を認めた。新規制基準では安全基準に加え、テロ対策のための特重施設（特定重大事故等対処施設）を設けることを再稼働の要件とした。これらの要件を満たすためには巨額の投資が必要で、運転期間の残りが短い原発は再稼働を断念して次々と廃炉にすることが決まった。

原発ゼロに舵を切る

私が「原発ゼロ」へと舵を切った経緯を改めて説明したい。

福島原発事故が起きるまで、私も日本の原発は世界的にも安全性が高いと考えていた。総理になった後も事故が起きる前は、トルコやベトナムの首脳に「原発を導入する気があるのならぜひ日本製の原発を採用してほしい」とトップセールスをしていた。その点では歴代の自民党総理と同じであった。

しかし、原発事故を経験して、原発は日本にとって危険な存在なのでなくすべきであり、当然外国にも原発を売るべきでないと考えを変えた。

事故を経験して、「原発はやめるべき」と考えを完全に変えたのだ。それはあの事故で、「原発は人間の力では制御できない」と痛感したからだ。

２０１１年3月11日を振り返ってみる。14時46分に東日本大震災が起きると、政府としては、すぐに緊急災害対策本部を立ち上げ、人命救助を最優先に、被害の把握、被害者の救援、避難所のケアといったことを指示し、自衛隊の派遣も決めた。揺れた地域にある原発は、すべて緊急停止したとの報告が入ってきていた。15時27分、「津波」が襲ってきた。

そして、福島第一原発が電源喪失したという一報が入った。その後のことは、『東電福島原発事故　総理大臣として考えたこと』（幻冬舎新書）に詳しく書いたのでお読みいただきたい。

3・11の「三つの恐怖」

当時、いま思えば、三つの恐怖があった。

第一の恐怖は原発そのものへの恐怖だ。暴走しており、どうなるか分からない。爆発もありうる状況だったので、本当に恐怖だった。原子力、つまり核分裂時に発生するとてつもないエネルギーを制御するのが原発で、瞬時に爆発させるのが原爆だ。コントロールする原発は安全だと考えていたが、そうではなかった。

第二は放射能の恐怖だ。事故が収束できなければ、大量の放射性物質が放出されることになる。どの程度の範囲の人々に、どの程度の影響があるのか、まったく分からない。専門家によって安全だとする基準も異なっていた。

第三の恐怖が、東電と経産省だ。原発を推進してきた彼らは、重大事故を想定しないですべてを決めてきたので、対応力がなかった。

経産省で、原発の事故対応をすべき原子力安全・保安院のトップが東京大学経済学部出身で、原子力の素人だったという人事がその象徴だ。原子力安全委員会の班目《まだらめ》春樹委員長は、さすがに素人ではなく専門家だったが、事故は起きないという前提でしかものごとを考えられない人だった。

3月12日朝、福島第一原発へ行くヘリの中で「水素爆発の危険はないのか」と訊くと、「水素が格納容器に漏れたとしても、格納容器の中には窒素が充満しており、酸素はないん

著者の指示で、近藤駿介原子力委員会委員長が試算し作成した「福島第一原子力発電所の不測事態シナリオの素描」
（左写真、全15ページ、平成23年3月25日作成）

[事故連鎖の考え方] 本資料p.8から抜粋

①発生のリスクが比較的高い1号機の原子炉容器内或いは格納容器内で水素爆発が発生し、放射性物質放出。1号機は注水不能となり、格納容器破損に進展

②線量上昇により、作業員総退避

③2、3号機原子炉への注水／冷却不能、4号使用済燃料プールへの注水不能

④4号使用済燃料プールの燃料が露出し、燃料破損、溶融。その後、溶融した燃料とコンクリートの相互反応（MFCI）に至り、放射性物質放出。（次頁に使用済燃料プールの破損進展を示す）

[線量評価結果について] 本資料p.15から抜粋

（前略）

■続いて、他の号機のプールにおいても燃料破損に続いてコアコンクリート相互作用が発生して大量の放射性物質の放出が始まる。この結果、強制移転をもとめるべき地域が170km以遠にも生じる可能性や、年間線量が自然放射線レベルを大幅に超えることをもって移転を希望する場合認めるべき地域が250km以遠にも発生することになる可能性がある。

■これらの範囲は、時間の経過とともに小さくなるが、自然（環境）減衰にのみ任せておくならば、上の170km、250kmという地点で数十年を要する。

事故が収束できなかった場合の強制移転の区域（170km）と移転希望を認める区域（250km）のシミュレーション

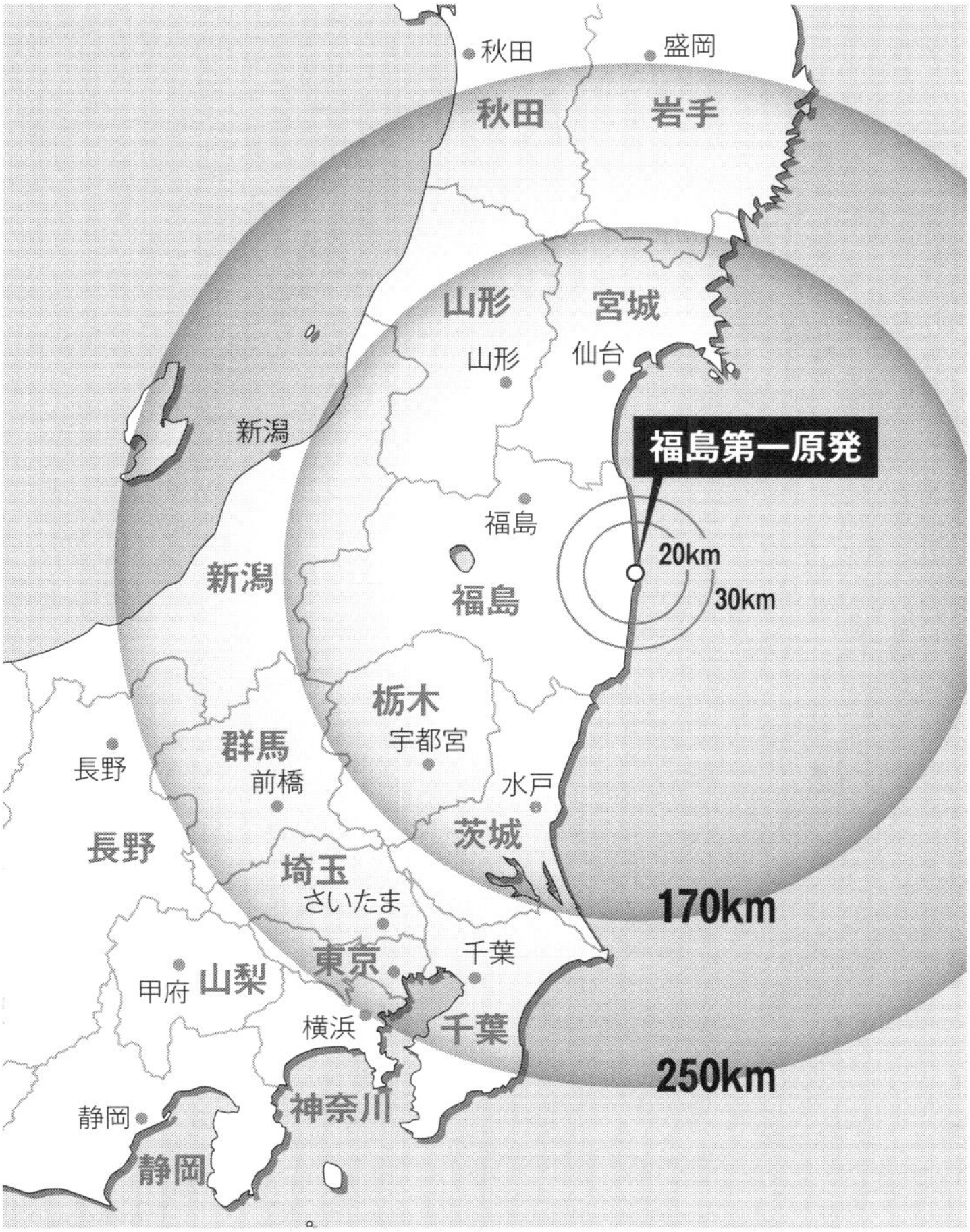

「福島第一原子力発電所の不測事態シナリオの素描」を基に編集部が地図を作成。

です。だから、爆発はありえません」と班目委員長は断言した。しかし同日午後に1号機が爆発したので、問い質《ただ》すと、「水素爆発が起きないというのは、格納容器のことで、原子炉建屋のことではない」と言い訳する始末だ。

3月11日の原発事故発生時から、現地で何が起きているのか、東電本店も経産省も状況を把握できていないことには呆れ、怒り、時にいらだった。分かっていて報告がないのか、分からなくて報告がないのか、それすらも分からない。

さらに、今後、どうなっていくのかの予測もできない。専門家があてにならないのも、恐怖だった。

「エネルギー基本計画を白紙」の意味

原発をやめればすべての恐怖は払拭されるが、そう簡単にはなくせない。そこで、総理在任中にできることとして、原子力安全委員会と原子力安全・保安院の改革に着手し、新しい組織を作る方針を明らかにした。

これには新しい法律が必要なので、数か月では難しい。新組織の原子力規制庁と原子力規制委員会を作るのは、次の野田政権に引き継いで、実現してもらった。

私自身が総理大臣として行なったのは、原発ゼロへの第一歩として「エネルギー基本計画

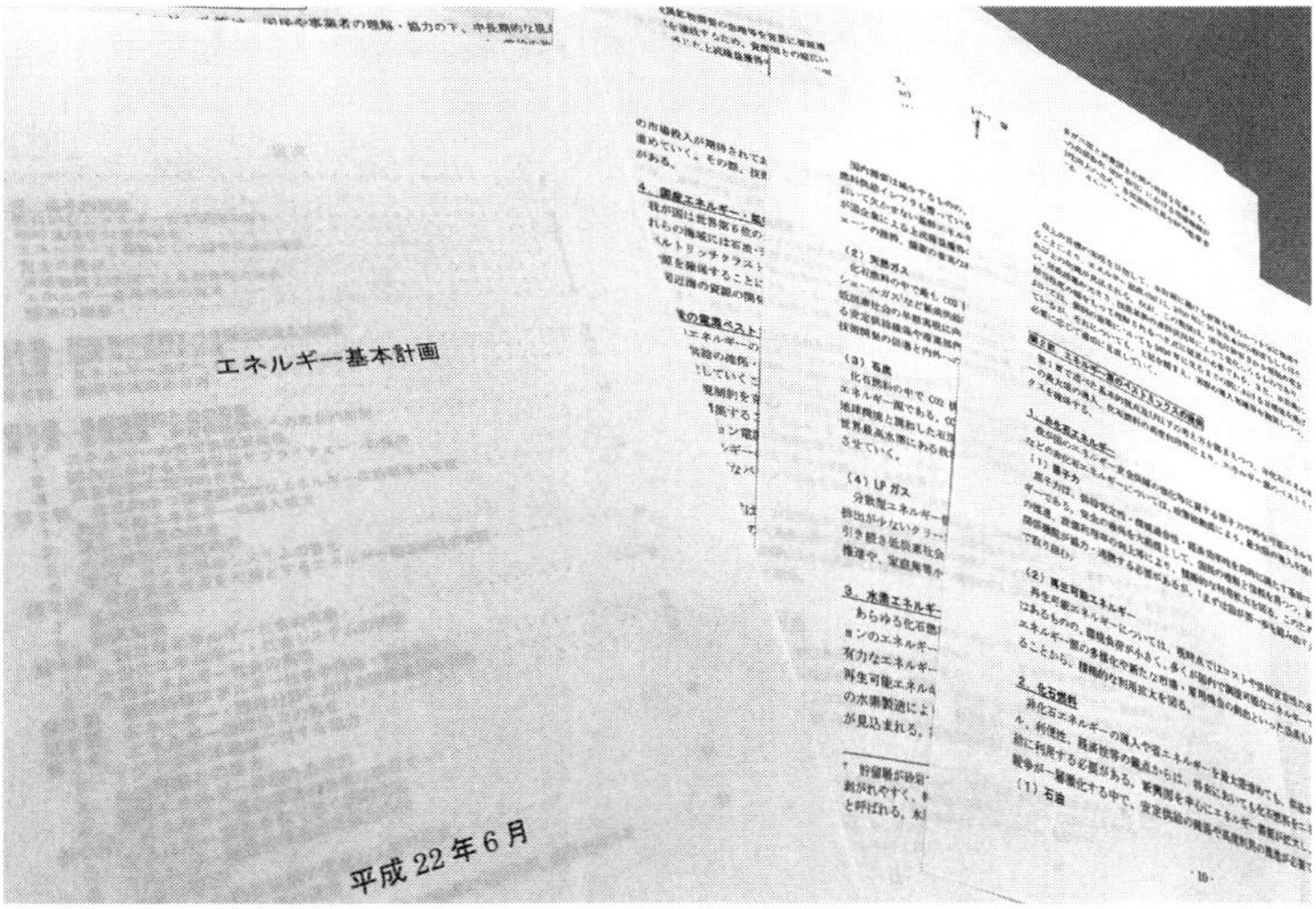

「エネルギー基本計画」　出典：経済産業省　資源エネルギー庁HP
https://www.enecho.meti.go.jp/category/others/basic_plan/

を白紙に戻して見直す」と公の場で断言したことだ。

「エネルギー基本計画」は、２００２年6月に制定された「エネルギー政策基本法」に基づいて策定されるもので、２００３年10月に最初のものが作られた。基本方針として、〈国がエネルギー政策を進めるにあたり、「安定供給の確保」「環境への適合」及びこれらを十分考慮した上での「市場原理の活用」〉と法律に明記されている。

以後、少なくとも3年に一度は改定することになっており、２００７年3月に第1回改定がなされ（第2次計画）、私が総理に就任した直後の２０１０年6月に第2回改定（第3次計画）が閣議決定

日本の電源構成別の発電電力量の推移

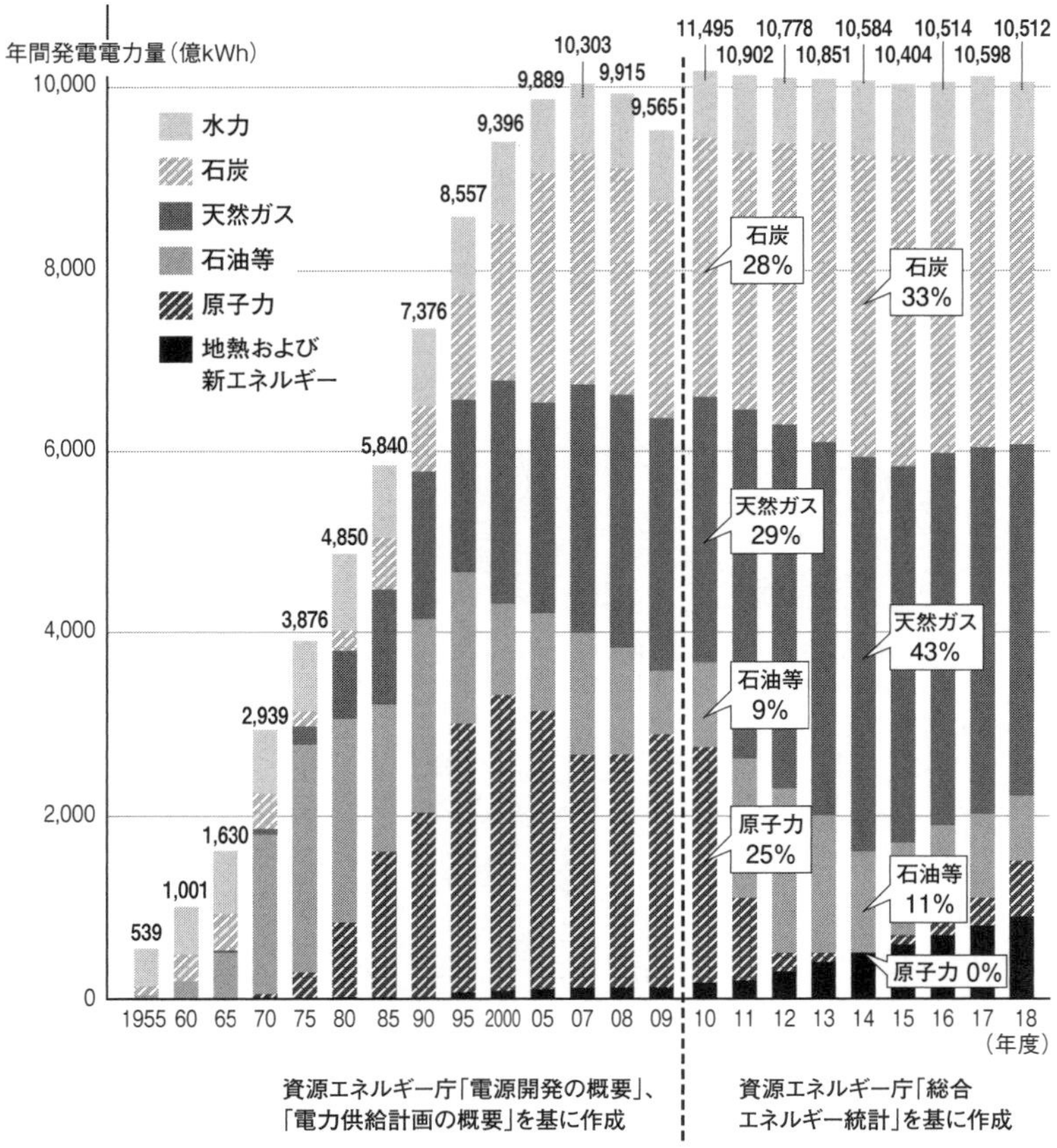

※1971年度までは沖縄電力を除く。発電電力量の推移は、「エネルギー白書2016」まで、旧一般電気事業者を対象に資源エネルギー庁がまとめた「電源開発の概要」及び「電力供給計画の概要」を基に作成してきたが、2016年度の電力小売全面自由化に伴い、自家発事業者を含む全ての電気事業者を対象とする「総合エネルギー統計」の数値を用いることとした。なお、「総合エネルギー統計」は、2010年度以降のデータしか存在しないため、2009年度以前分については、引き続き、「電源開発の概要」及び「電力供給計画の概要」を基に作成している。
※四捨五入の関係で合計値が合わない場合がある。

出典：原子力総合パンフレット 日本原子力文化財団

された。

２０１０年の計画では、２０３０年に向けた目標として、エネルギー自給率（２０１０年時点で18パーセント）、化石燃料の自主開発比率（２０１０年は約26パーセント）をそれぞれ倍増させ、自主エネルギー比率約70パーセント（２０１０年は約38パーセント）を目指す、とした。

さらに、電源構成に占めるゼロ・エミッション電源（原子力及び再生可能エネルギー由来）の比率を約70パーセントとする（２０２０年には50パーセント以上とする）となっていた。

つまり、２０１０年の計画では、２０２０年には原発と再生可能エネルギーとで50パーセントにすることになっていた。ここで言うゼロ・エミッション電源の大半は原発だったので、実質的には原発の新規建設を推進し、２０３０年までに14基以上を増設するという、いま思えば、とんでもない計画だった。

政策転換の表明

このエネルギー基本計画が出てから1年も経たないうちに福島第一原発の事故となった。

私は２０１１年3月31日に、「エネルギー基本計画を白紙に戻して見直す」と表明した。「原発を14基以上増設する」方針を白紙撤回したのだ。

それまでは事故の収束に追われていたが、この頃から脱原発への政策転換をしなければならないと決断し、その前提で布石を打っていったが、その最初のものだった。

この「白紙撤回」の表明は同じ日に2回、形を変えて行なった。

最初は共産党の志位和夫委員長との会談の場で、「福島第一原発は事故を起こしていない5号機・6号機を含め、すべて廃炉にすべき」「エネルギー基本計画を白紙に戻して見直す」と表明したのだ。

同日、フランスのサルコジ大統領が来日していたので会談した。日本政府としては、震災・津波・原発事故への対応の最中で、とても外国の首脳を招く状況にはなかったのだが、この年のサミットの議長国だったフランスのサルコジ大統領が、どうしても会いたいと来日したのだ。原発大国で推進派のフランスとしては、日本が今後、原発をどうするつもりなのか心配だったのだろう。会談の場で、サルコジ大統領は放射性物質除去装置（ＡＬＰＳ）の売り込みにも熱心だった。

サルコジ大統領との会談後の共同記者会見の場で、私は「原子力、エネルギー政策は事故の検証を踏まえ、改めて議論する必要がある」と述べた。

外国首脳との共同記者会見は公の場であり、そこでの総理としての発言は重い。国内だけでなく、国際的にも日本政府の公的・正式の発言として受け止められる。その場で、「事故の検証をして議論しなければならない」と言ったことは、実質的にはエネルギー基本計画を見直すという意味で、今後も２０３０年までに14基以上作ろうとしていた勢力にとっては、まさに水を掛けられたように感じたはずだ。

サルコジ大統領との共同記者会見も含めて、政治家の言葉は、公式の場では、どうしてもいわゆる「お役所言葉」の要素が強くなり、当たり障りのない表現になる。官僚にはそれで伝わるのだが、一般の国民には伝わりにくかったかもしれない。私としてはこの時点で、総理として「今後の原発増設は白紙」と宣言したつもりだったが、そう理解していたのは、皮肉にも原子力ムラの原発推進派たちだけで、この頃から、私への攻撃が始まった。

浜岡原発への運転停止「要請」

「原発ゼロ」への政策転換を決意した後、さまざまな布石を打ったが、なかでも大きかったのが、中部電力への浜岡《はまおか》原発の運転停止要請だ。

浜岡原発には5基の原子炉がある。そのうち1号機と2号機は２００９年1月の段階で運転開始から40年近くが過ぎていたため運転終了、廃炉が決まっていた。3号機は２０１０年11月から定期検査のため停止しており、運転しているのは4号機と5号機のみという状況だ

中部電力 浜岡原発（静岡県御前崎市）。左から1号機、2号機、3号機、4号機、5号機
写真：共同通信社

った。

浜岡原発は静岡県にあり、太平洋に面している。東海地方に大地震が起きた場合は、かなり危険だと指摘されていた。そして、東海地方にマグニチュード8程度の地震が今後30年間に起きる確率は87パーセントという数字が、国の中央防災会議で報告されたばかりだった。

5月6日に、海江田万里経産大臣が「浜岡は危険なので止めたい」と言ってきた。私もどうにかしなければと思っていたところだったので、賛成した。

と同時に、経産省が浜岡を生贄に出したなと感じた。浜岡原発の運転停止要請は、海江田大臣から経産省の松永和夫事務次官へ持ちかけたということだが、それを受けて、経産省内で、浜岡を生贄に出して、それ以外の原発は今後も運転し続けられるようにしようとの合意があったと思われたのだ。

そうでなければ、事務次官が海江田大臣の浜岡視察のお膳立てをするはずがない。経産省の事務方は、福島の事故前同様に原発を運転し続けるのは、世論の反発が強く難しいと感じ、浜岡だけを止めることで、批判をかわそうとしていると推察したのだ。

総理大臣は、事故を起こした東電に対しては原子力災害対策本部の本部長として指示することができるが、他の電力会社に対し、正常に運転している原発を止める権限はないので、どういう法的根拠とするか議論した結果、経産省が「法律上の措置ではなく、政治的な判断として中部電力に経済産業大臣が行政指導する」という案を作ってきた。

法的根拠がないとひっくり返されるおそれがあるので、私は「さらに検討してくれ」と、いったん返した。しかし、法的に運転停止を指示するのは難しく、行政指導しかないとの結論だというので、私も同意した。

国民に向けての発表は、経産大臣ではなく、総理である私が行なうことにした。政府が民間会社である電力会社に運転停止を要請するのは前代未聞のことなので、最終責任者である総理が国民に向かって発表すべきと考えたからである。もうひとつの理由が、海江田大臣に発表を任せた場合、経産省の意を汲んで、「浜岡だけを止めて、他は動かす」と発言されると困ると考えたからだ。

私は記者会見では浜岡以外の原発については、何も明言しなかった。

このことで、脱原発運動をしている人たちは、「浜岡以外を止めないのはけしからん」と批判していたようだが、あえて、浜岡以外については言及しなかったのだ。私としては、この時点ですべての原発を止めなければならないと考えていたが、政府としてはそこまでは決めていない。したがって、常識的には、「安全と認められる原発は動かしていく」方針が生きている。だが、それを明言するのを避けたのである。

運転停止は浜岡だけと考えていた経産省としては、私が発表したことと、その場で他の原発は動かしていく方針を明言しなかったことは、計算違いだったはずだ。

中部電力は、私が要請した3日後の5月9日、臨時取締役会を開いて要請を受け入れた。記者会見で水野明久社長は「総理からの要請はきわめて重いと受け止めている」と語っている。

内閣不信任決議案は否決

5月末、私は二つの政治勢力から退陣を迫られていた。ひとつは東電と手を組んだ安倍晋三元総理に引っ張られた自民党。もうひとつは小沢一郎氏を中心とする民主党内の造反グループだ。小沢氏は、自民党が内閣不信任決議案を出せば小沢グループ全体で賛成に回ると自民党幹部に伝えていた。自民党が敵対するのは分かっていたが、まさか党内から、つまり背後から撃たれるとは思わなかった。

5月24日から29日まで、私はサミットに出席するためフランスに行っていた。

携帯電話で瞬時に日本につながる時代だったとはいえ、ヨーロッパという距離的に離れたところにいると、永田町の空気までは伝わらない。帰国すると、内閣は最大の危機を迎えていた。

6月1日、自民党は内閣不信任決議案を提出した。

民主党内でも小沢氏に同調して不信任決議案に賛成する勢力が多くなっていたが、前総理の鳩山由紀夫氏は民主党を分裂させたくないとの思いから、私に自主的に退陣してくれと言ってきた。採決当日の2日朝、鳩山由紀夫氏と面談し、「震災への取り組みに一定の目処がつき、私がやるべき一定の役割が果たせた段階で、若い世代に責任を引き継いでもらいたい」と述べ、不信任決議案に反対するよう協力を求めた。

何月何日までに辞めると明言しなかったことで、若干の行き違いは生じたが、不信任決議案は否決され、内閣は続くことになった。小沢一郎氏は本会議を欠席した。

脱原発宣言

いつまで総理を続けるかは具体的には考えていなかったが、原発ゼロに向けての目処を立てたいとの思いは持っていた。

7月13日の記者会見で、私は原発、エネルギー政策についてこう述べた。

「原子力事故のリスクの大きさということを考えたときに、これまで考えていた安全確保という考え方だけではもはや律することができない。そうした技術であるということを痛感をいたしました。

そういった中で、私としてはこれからの日本の原子力政策として、原発に依存しない社会を目指すべきと考えるに至りました。

つまり計画的、段階的に原発依存度を下げ、将来は原発がなくてもきちんとやっていける社会を実現していく。

これがこれから我が国が目指すべき方向だと、このように考えるに至りました」

これが「脱原発宣言」と呼ばれるものだ。

再エネ特措法

FIT（固定価格買取制度）の仕組み

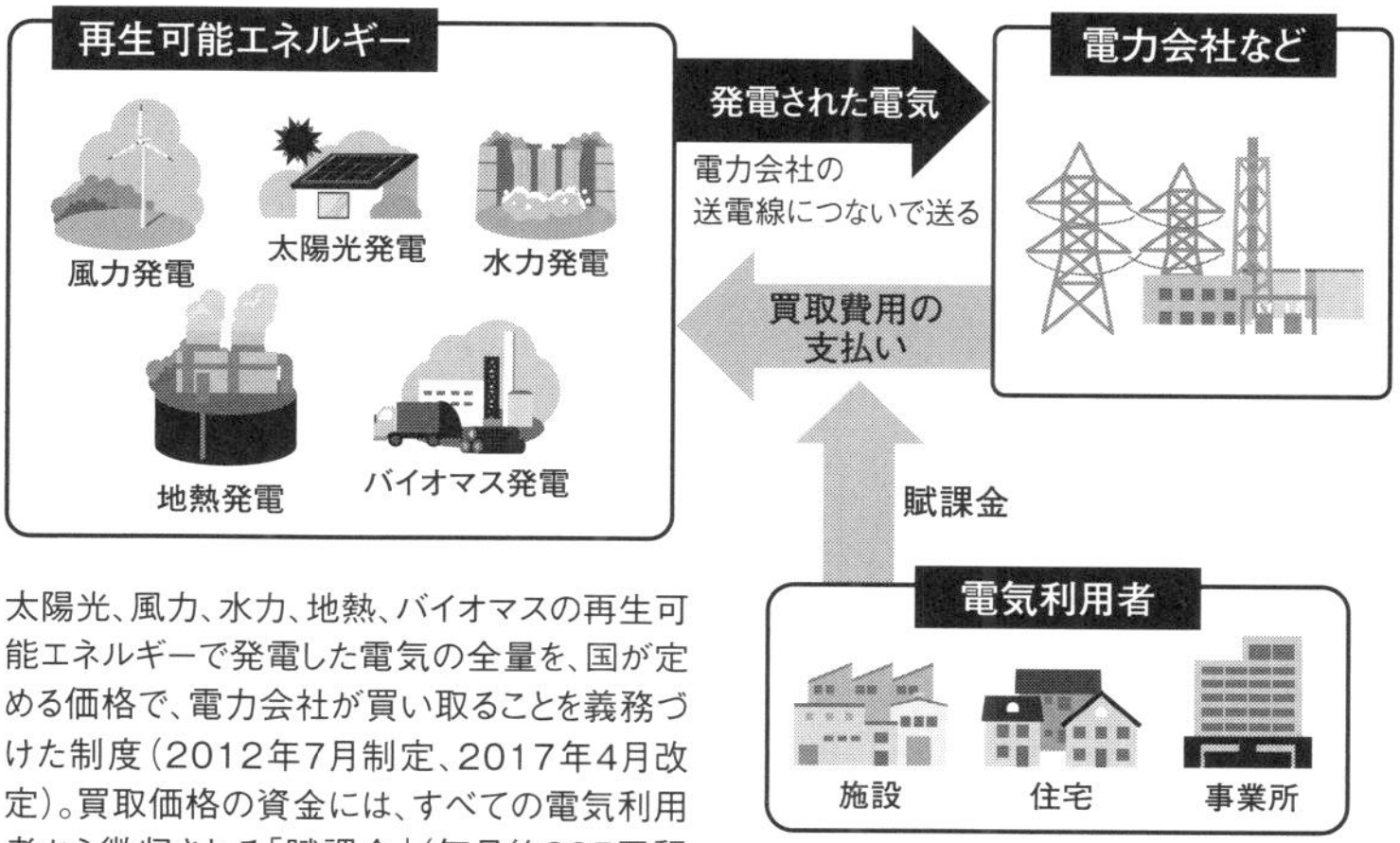

太陽光、風力、水力、地熱、バイオマスの再生可能エネルギーで発電した電気の全量を、国が定める価格で、電力会社が買い取ることを義務づけた制度（2012年7月制定、2017年4月改定）。買取価格の資金には、すべての電気利用者から徴収される「賦課金」（毎月約225円程度。月300kWhの場合）が使われる。

出典：首相官邸HP「再生可能エネルギーの固定価格買取制度」
https://www.kantei.go.jp/jp/headline/renewable_energy.html

偶然だが、事故の起きた3月11日に、内閣として「電気事業者による再生可能エネルギー電気の調達に関する特別措置法」（再エネ特措法、ＦＩＴ法）案を閣議決定していた（国会提出は事故後の4月5日）。再生可能エネルギーの普及を目的とし、電気事業者に再生可能エネルギーで発電した電気の全量買い取りを義務化する法律だ。これを「固定価格買取制度（ＦＩＴ）」という。ドイツなどで導入され、再生可能エネルギーの普及に有効だと分かっていた。

民主党が政権を獲得した２００９年の総選挙では、マニフェストにこのＦＩＴの創設も掲げていた。それに沿って、経産省内で議論を重ね、２０１１年4月に法案として提出されたものだった。福島の事故の有無にかかわらず、政府としては、再生可能エネルギーの普及促進を政策としていたのだ。

福島原発事故に直面し、私は内心ではすでに脱原発へ政策転換しようと考えていた。脱原発を実現するには、原子力に代わるエネルギーが必要となり、それには再生可能エネルギーしかない。そこで、この法律をなんとしても在任中に成立させなければと決意していた。

この法律で、電力会社は太陽光や風力などで発電した電力を一定期間、固定価格で買い取らなければならないと定めた。これによって、多くの企業が再生可能エネルギー事業を始めることになった。再エネを普及させるためには、発電事業者が「これなら利益が出せる」と思える価格でなければならないので、価格は高めに設定されている。最初の固定価格は審議会で検討され、太陽光発電は1キロワットあたり42円と決まった。

内閣不信任決議案が否決された後、私はいつ退陣するのかと問われた。そこで、退陣の三条件として、このＦＩＴ法、第2次補正予算、特例公債法の成立を挙げた。そして三つとも成立したので、8月下旬に辞任を表明する。

このＦＩＴ導入により、その後の再生可能エネルギー発電は飛躍的に拡大を続けた。導入以前は水力発電が全電力の10パーセント前後で、それ以外の再エネ発電はほとんどなかった。

しかしこの10年間で太陽光発電を中心に再エネ発電が大きく伸び、水力を含めて約20パーセントになっている。

太陽光発電が伸びたのはＦＩＴにより、太陽光発電事業の採算が取れるようになったからだ。後述するが、今後は、耕作を続けながら農地を活用して太陽光発電をするソーラーシェアリング（営農型太陽光発電）を普及させれば、理論上は、日本の電力消費量をすべて再エネ発電によってまかなうことも可能である。

だが、経産省は再生可能エネルギー発電があまりに普及すると原発の存在理由がなくなると考えているらしく、いろいろと画策している。

原子力規制委員会への道筋

２０１１年の夏が近づくと、この夏は原発なしでは乗り越えられないという議論が出された。たしかに夏はエアコンを使うので家庭やオフィス、工場などでの電力需要が高まる。定期検査で運転停止している原発も、安全が確認できれば再稼働すべきだとの声が出ていた。

経産省が再稼働を狙っているのは明白だった。具体的には、九州電力の玄海《げんかい》原発を再稼働しようとしていた。私は海江田大臣に「玄海原発の再稼働は認めない」と伝えた。海江田大臣は、玄海原発は事故を起こしたわけではないので、法律上は原子力安全・保安院が定期検

九州電力 玄海原発（佐賀県玄海町）。右から1～4号機。半径30キロ圏に大小20の離島がある
写真：共同通信社

査で安全だと認めれば再稼働できるという趣旨のことを言った。

いまさら何を言うんだ、という話である。福島第一原発の事故で保安院は何も機能しなかった。その保安院が再稼働を決めるなど、国民が納得しない。私は「保安院の言うことなんか、誰も信用しない」と海江田大臣に伝えた。

翌日だったか、改めて「再稼働にあたっては原子力安全委員会の意見も聞きたいし、ストレステストが必要だと思う」と述べた。ストレステストとは、ＥＵで行なわれていたもので、原発の耐性を調べるものだ。海江田大臣は、「ストレステストは動かしながら行なうものだ」と反対していたが、その場では結論は出なかった。

原発再稼働について海江田大臣、細野豪志原発担当大臣、枝野幸男官房長官と協議し、「原子力安全委員会が関与することと、ストレステストを行なうことにする」と決め、7月6日の衆議院予算委員会では「再稼働は、ストレステストを含め、国民が納得できる検討の場が必要だ。その検討の場のルール作りを海江田経産大臣に指示している」と述べた。

海江田大臣は従来、「国が責任を持って原発の安全性が確保されたら再稼働する」と答弁していたので、「閣内不一致」だと批判する報道もあったが、矛盾はしていない。私は「国が責任を持って原発の安全性を確認」するための新しいルールを作ろうと言ったのだ。いままでの保安院の検査だけで安全性が確認できるとは、内閣の長として、とても言えない。同日の衆議院予算委員会では、玄海原発再稼働にあたっての佐賀県民向けの説明会に際し、九州電力が関連会社の社員に再稼働を支持する内容のメールを送るよう指示していたことが、共産党の笠井亮議員によって明らかにされた。「やらせメール」事件である。

ストレステスト以前の問題だ。福島の事故から4か月弱しか経っていないのに、原子力ムラが何の反省もしていないことは明白だった。さらに報道によれば、過去の説明会・公聴会でも同様の「やらせ」があり、それは保安院も知っていた、いや関係していたともいう。

玄海原発再稼働は、いったん潰《つい》えた。

ストレステストを含めた新しいルール

原発再稼働を認める気はなかったが、独裁国家ではないので、総理が「認めない」と言って、それで決まるわけではない。原発が存在するのも紛れもない現実だった。玄海原発は「やらせメール」事件という九州電力の致命的な失策で当面の再稼働は不可能となったが、いずれはその動きが再開するはずだった。

原発がある以上、原発再稼働の新たなルールが必要だった。それは厳格でなければならない。

7月11日、政府としての方針を発表した。「EUで実施されているストレステストを参考にして新たな手続きとルールに基づく安全評価を実施し、それは保安院だけでなく原子力安全委員会も確認すること」である。さらに稼働中のものを含めたすべての原発に対し、総合的な安全評価の実施も決めた。

保安院は法律上はまだ残っていたが、廃止される方向が決まっていたので、なくなると分かっている組織の認可だけで原発を動かすのは、法律上は可能だとしても、国民の理解は得られまい。そこで、再稼働にあたっては、保安院と原子力安全委員会による確認の後、内閣として、総理、官房長官、経産大臣、原発担当大臣の4大臣で協議して決めることにした。

これは法律には基づいていない。暫定的なルールとして政治的に決めたものだ。従来の法律でも、保安院が再稼働を認めたとしても、形式的には経産大臣が認可することになっているので、経産大臣がストップをかけることはできた。だが、玄海原発での海江田大臣の動きを見ていると、危ないなと思ったので、経産大臣だけでなく、官房長官、原発担当大臣、そして総理である私の4人で決めることにしたのだ。

経産省から切り離した原子力規制委員会の設置

原子力安全委員会を廃し、原子力安全・保安院を組織として完全になくし、経産省から切り離し、新たに原子力規制庁を作るのは「行政改革」としては、大変なことだった。日本の官僚組織は強いので、どの省でも部局の廃止や他との統合には抵抗する。だが、このときはさすがに経産省も抵抗はできなかった。

原子力規制委員会とその事務局である原子力規制庁の設置法が成立したのは、2012年6月、野田内閣のときで、私の在任中に道筋を作っておいた。

電力は経産省が所管しているので、原発も経産省の「資源エネルギー庁」が推進する立場として所管していた。一方、安全を管理し規制する立場の「原子力安全・保安院」も経産省の中にあった。そのため、同じ官僚が経産省内の人事異動で、推進する側の資源エネルギー

経済産業省組織図（2020年度）

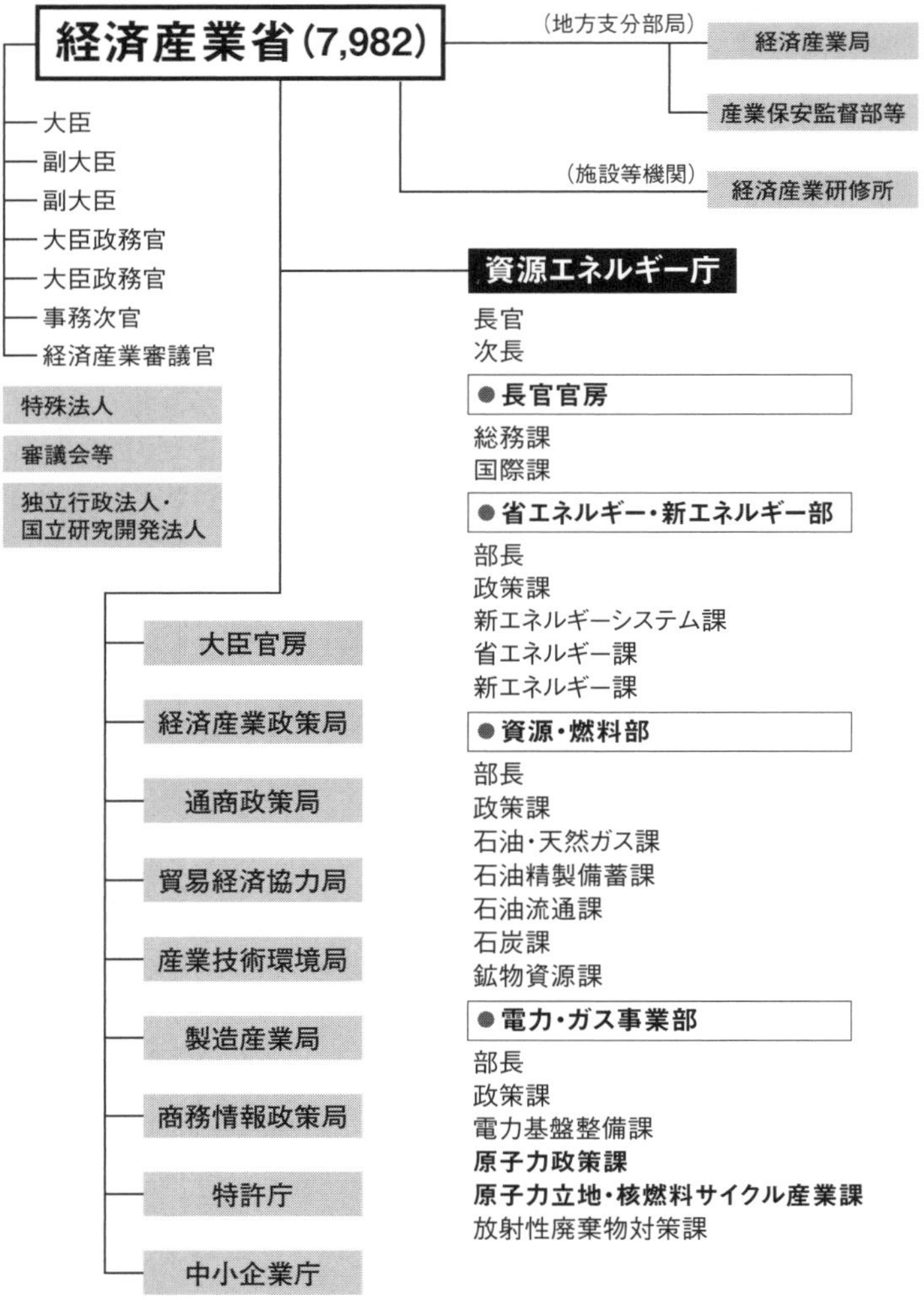

※資源エネルギー庁以外の部署名、役職名の詳細は略

出典：経済産業省HP　https://www.meti.go.jp/intro/pdf/a_soshikizu.pdf

庁と安全管理と規制する側の保安院をいったりきたりしていた。さらには保安院にいた官僚の多くが経産省を退職した後、電力会社に天下る。これでは、まともな規制ができるはずがない。

それでも専門家がいったりきたりしていたのなら、まだいい。事故当時の原子力安全・保安院の院長は、原子力について何も知らない、東大経済学部出身者だった。経済学部を出たので経産省に入り、出世していき、空いていたポストが保安院長だったのだろう。私はそれまで厚生大臣と財務大臣を経験していたが、たとえば年金局長は年金について詳しかったし、主税局長は税について詳しかった。管理職なので学者なみの専門家である必要はないが、組織のトップが素人というのは保安院が初めてだった。そんな素人でも務まるポストだったということは、安全管理や規制も緩かったことを示している。

このように経産省ではとんでもない人事が平然と行なわれていた。その結果、事故のときに保安院長は何の説明もできず、組織としても機能しなかった。

この反省に基づき、原発の規制部門は、原発を推進する立場の経産省からは完全に切り離す必要があった。これには当時は野党だった自民党も反対はできず、前例のない速さで、原発の規制強化のための行政改革が進んだのである。

私が在任中の2011年8月に制定されたのは、放射性物質汚染対処特措法だ。これは福

原発行政の改変

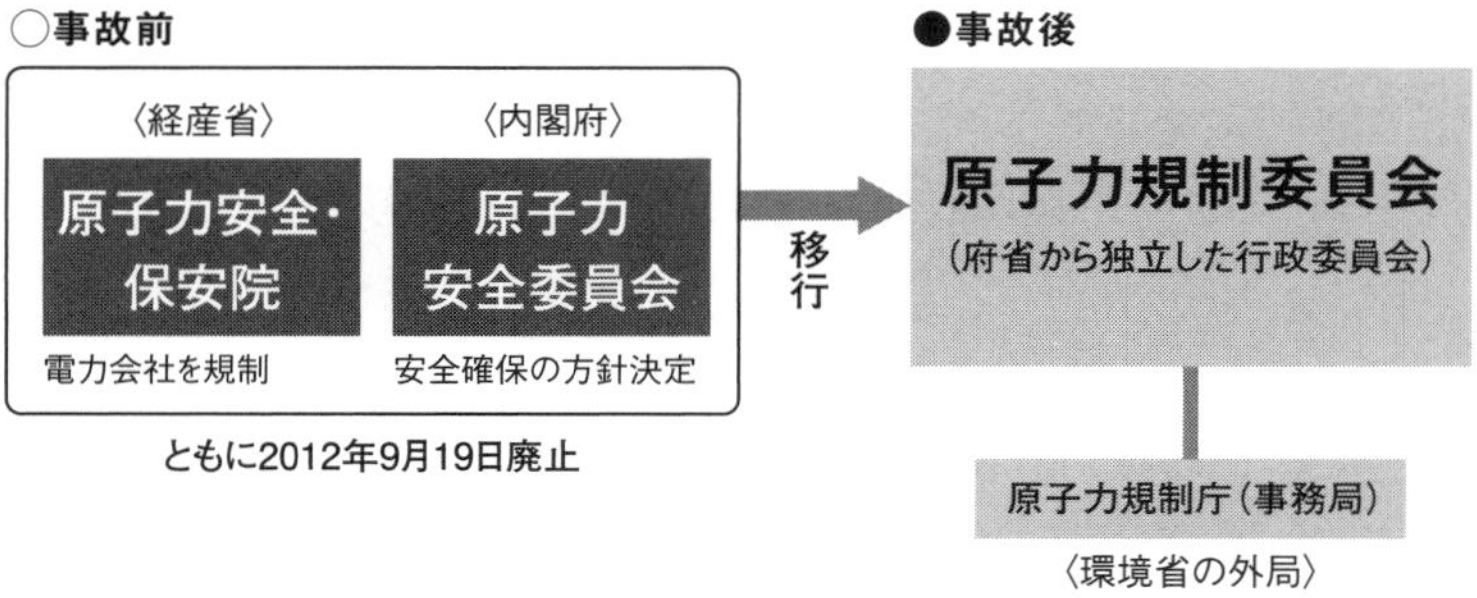

島第一原発の事故で放出された放射性物質による環境汚染への対処を、環境省が所管すると定めた法律である。大事故は起きないという前提だったので、事故が起きたときに放射性物質による環境汚染対処をどの省が担当するのかも決まっていなかったのだ。

この法律で、原発の安全確保・規制を環境省が担当する道筋ができ、原子力規制委員会の事務局としての原子力規制庁が環境省の外局となる。さらに原子力規制委員会は独立性の高い国家行政組織法第三条二項が規定する「行政委員会」になることも、その後の国会審議で決まっていく。いわゆる「三条委員会」と呼ばれるものだ。

原子力規制庁へ出向した官僚は、その後の人事異動で経産省へは戻れない仕組み、「ノーリターン・ルール」も作った。

原子力規制委員会ができてからは、再稼働にあたっての新規制基準を設け、それに適合しているか審査をすることになる。ただ、規制委員会の審査は技術的、工学的に安全基準を満たしているかどうかという審査であり、再稼働については避難計画の作成などを含め、地元自治体の同意が必要だ。

「40年ルール」が法律で決まる

原子力規制委員会が作った新基準をクリアするには高い堤防の建設など膨大なコストがかかるので、廃炉を決めた原発も多い。

これまでに、福島第一原発の1号機から6号機のほか、福島第二原発の1号機から4号機、東北電力の女川《おながわ》の1号機、日本原子力発電の東海《とうかい》と敦賀《つるが》の1号機、中部電力の浜岡の1号機と2号機、関西電力の美浜《みはま》の1号機と2号機、大飯の1号機と2号機、中国電力の島根の1号機、四国電力の伊方《いかた》の1号機と2号機、九州電力の玄海の1号機と2号機、合計24の原発の廃炉が決まっている。

これら老朽原発は福島の事故がなかったら、運転を続けていたのである。

私としては、民主党が政権にある間に、後戻りできないところまで法整備をしておきたかったが、中途半端な状態で、政権を自民党に渡してしまったのは残念だ。

しかし、「原発ゼロ」を柱とするエネルギー基本計画は策定されなかったが、現実は、ゼロへ向かっている。

原発を１基造るには立地自治体を決めて説得して、莫大な建設費用と年月をかけなければならないが、原発ゼロは、決めればいいだけだ。

実は、最も消極的な方法ではあるが、自民党も賛成して、「原発は運転開始から40年が過ぎたら運転を停止し廃炉にする」法律が制定されている。野田政権時代の２０１２年６月に改正された「核原料物質、核燃料物質及び原子炉の規制に関する法律」で、原発の運転期間は40年と定められた。しかし例外として20年を超えない期間の延長も認められた。

そのため、運転開始から40年を過ぎた「老朽原発」の再稼働の動きが本格化しており、２０２０年11月には福井県にある関西電力の高浜《たかはま》原発１号機（運転開始から46年）、２号機（同45年）の再稼働の手続きに入り、原子力規制委員会は、新規制基準を満たしていると了承している。

今後も老朽原発を運転させよという動きは出てくると予想されるが、これは裏を返せば、新設・増設が事実上不可能になっていることを示している。だからこそ、老朽原発が危険と分かっていて、動かそうとしているのだ。

老朽原発の再稼働は安全の面からも認めるべきではないが、原子力ムラが、そこまで追い込まれているとも言える。

たとえば、高浜の1号機の営業運転開始は１９７４年11月なので、20年の延長が認められたとしても、２０３４年には停止しなければならない。最も新しい原発は、北海道電力の泊原発3号機で、２００９年に運転開始しているから、２０４９年までの寿命だ。

遅すぎるが、この法律が改正されない限り、最長でも２０４９年までに、何もしなくても原発はゼロになるのだ。

それが分かっているので、自民党の中には「40年ルール」について、「運転している期間だけを数えるべき」とか「40年には科学的根拠がない」と言って、見直しを求める声もある。だが、これは法律として決めたルールなので、変えるには法改正をしなければならず、自民党が国会で過半数を得ているとはいえ、困難だろう。

日本の原子力関連施設　稼働状況の詳細

＊地図番号はP.16の地図と符合

（2020年10月29日現在）

地図番号	会社名など	施設名など	新基準手続き（設置許可・事業許可など）			備考
			申請	審査書案了承	決定（許可）	
Ⓐ	リサイクル燃料貯蔵（株）	リサイクル燃料備蓄センター（建設中）	2014.1.15	2020.9.2		
Ⓑ	日本原燃（株）	再処理工場（建設中）	2014.1.7	2020.5.13	2020.7.29	
		ウラン濃縮工場	2013.5.14	2017.4.19	2017.5.17	
		MOX燃料工場（建設中）	2014.1.7	2020.10.7		
		高レベル放射性廃棄物貯蔵管理センター	2014.1.7	2020.7.29	2020.8.26	
		低レベル放射性廃棄物埋設センター	2018.8.1			
Ⓒ	日本原子力発電（株）	東海低レベル放射性廃棄物埋設事業所	2015.7.16			
	日本原子力研究開発機構	研究用原子炉JRR-3	2014.9.26	2018.10.10	2018.11.7	
		原子炉安全性研究炉NSRR	2015.3.31	2017.12.6	2018.1.31	2018.6.28運転再開
		定常臨界実験装置STACY	2015.3.31	2017.11.8	2018.1.31	
		廃棄物処理場（東海村）	2015.2.6	2018.9.5	2018.10.17	
	原子燃料工業（株）	東海事務所	2014.2.14	2017.11.15	2017.12.20	
	三菱原子燃料（株）	東海工場	2014.1.31	2017.9.20	2017.11.1	
Ⓓ	日本原子力研究開発機構	高温工学試験研究炉HTTR	2014.11.26	2020.3.25	2020.6.3	
		材料試験炉JMTR	2015.3.27			2017.12.5申請取り下げ
		高速実験炉「常陽」	2017.3.30			2018.10.26補正申請
		廃棄物処理場（大洗町）	2014.2.7	2018.7.4	2018.8.22	
Ⓔ	（株）グローバル・ニュークリア・フュエル・ジャパン	燃料体製造工場	2013.7.24	2017.3.8	2017.4.5	
Ⓕ	日本原子力研究開発機構	高速増殖原型炉「もんじゅ」				2047年度廃止措置完了予定
Ⓖ	近畿大学	原子炉	2014.10.20	2016.4.13	2016.5.11	2017.4.12運転再開
Ⓗ	原子燃料工業（株）	熊取事務所	2014.4.18	2018.2.28	2018.3.28	
	京都大学	KUR（京都大学研究用原子炉）	2014.9.30	2017.7.27	2016.9.21	2017.8.29運転再開
		KUCA（京都大学臨界実験装置）		2016.4.13	2016.5.11	2017.6.21運転再開

（2020年11月6日現在）

	地図番号	会社名	発電所名	炉型	許可出力（万kW）	新規制基準の適合性に係る審査			運転年数
						審査状況	設置許可日	稼働開始日	
既設炉	❶	北海道電力（株）	泊（1号）	PWR	57.9	審査中			31
			〃（2号）	〃	57.9	審査中			29
			〃（3号）	〃	91.2	審査中			10
	❸	東北電力（株）	東通原子力（1号）	BWR	110.0	審査中			14
	❹		女川原子力（2号）	〃	82.5	終了	2020.2.26		25
			〃（3号）	〃	82.5				18
	❼	東京電力ホールディングス（株）	柏崎刈羽原子力（1号）	〃	110.0				35
			〃（2号）	〃	110.0				30
			〃（3号）	〃	110.0				27
			〃（4号）	〃	110.0				26
			〃（5号）	〃	110.0				30
			〃（6号）	ABWR	135.6	終了	2017.12.27		23
			〃（7号）	〃	135.6	終了	2017.12.27		23
	❽	北陸電力（株）	志賀原子力（1号）	BWR	54.0				27
			〃（2号）	ABWR	120.6	審査中			14
	❾	日本原子力発電（株）	東海第二	BWR	110.0	終了	2018.9.26		41※1
	⓫		敦賀（2号）	PWR	116.0	審査中			33
	❿	中部電力（株）	浜岡原子力（3号）	BWR	110.0	審査中			33
			〃（4号）	〃	113.7	審査中			27
			〃（5号）	ABWR	138.0				15

※1 2018.11.7に運転期間延長認可。安全対策工事は、2022年12月完了予定。

	地図番号	会社名	発電所名	炉型	許可出力（万kW）	新規制基準の適合性に係る審査			運転年数
						審査状況	設置許可日	稼働開始日	
既設炉	⓬	関西電力（株）	美浜（3号）	PWR	82.6	終了	2016.10.5		43※2
	⓭		大飯（3号）	〃	118.0	終了	2017.5.24	2018.4.10	28
			〃（4号）	〃	118.0	終了	2017.5.24	2018.6.5	27
	⓮		高浜（1号）	〃	82.6	終了	2016.4.20		45※3
			〃（2号）	〃	82.6	終了	2016.4.20		44※4
			〃（3号）※	〃	87.0	終了	2015.2.12	2016.2.26	35
			〃（4号）※	〃	87.0	終了	2015.2.12	2017.6.16	35
	⓯	中国電力（株）	島根原子力（2号）	BWR	82.0	審査中			31
	⓰	四国電力（株）	伊方（3号）※	PWR	89.0	終了	2015.7.15	2016.9.7	25
	⓱	九州電力（株）	玄海原子力（3号）※	〃	118.0	終了	2017.1.18	2018.5.16	26
			〃（4号）	〃	118.0	終了	2017.1.18	2018.7.19	23
	⓲		川内原子力（1号）	〃	89.0	終了	2014.9.10	2015.9.10	36
			〃（2号）	〃	89.0	終了	2014.9.10	2015.11.17	34
※新規制基準でのMOX許可取得			計	33基	3308.3	25基	16基	9基	

	地図番号	会社名	発電所名	炉型	許可出力（万kW）	審査状況
建設中	❷	電源開発（株）	大間原子力	ABWR	138.3	審査中
	❸	東京電力ホールディングス（株）	東通原子力（1号）	〃	138.5	
	⓯	中国電力（株）	島根原子力（3号）	〃	137.3	審査中
計画中	❸	東北電力（株）	東通原子力（2号）	〃	138.5	
	⓫	日本原子力発電（株）	敦賀（3号）	APWR	153.8	
			〃（4号）	〃	153.8	
	⓳	中国電力（株）	上関原子力（1号）	ABWR	137.3	
			〃　（2号）	〃	137.3	
	⓲	九州電力（株）	川内原子力（3号）	APWR	159.0	
			計	9基	1293.8	

※2 2016.11.16に運転期間延長認可。安全対策工事は、2020年9月18日完了。
※3 2016.6.20に運転期間延長認可。安全対策工事は、2020年9月18日完了。
※4 2016.6.20に運転期間延長認可。安全対策工事は、2021年4月完了予定。

	地図番号	会社名	発電所名	炉型	許可出力（万kW）	運転終了日または廃止日	廃止措置完了予定時期
廃止	❹	東北電力（株）	女川原子力（1号）	BWR	52.4	2018.12.21	2053年度廃止措置完了予定
	❺	東京電力ホールディングス（株）	福島第一原子力（1号）	〃	46.0	2012.4.19	冷温停止から30～40年後、廃止措置完了予定
			〃（2号）	〃	78.4		
			〃（3号）	〃	78.4		
			〃（4号）	〃	78.4		
			〃（5号）	〃	78.4	2014.1.31	1～4号機廃炉の実機実証試験に活用
			〃（6号）	〃	110.0		
	❻		福島第二原子力（1号）	〃	110.0	2019.9.30	2064年度廃止措置完了予定
			〃（2号）	〃	110.0		
			〃（3号）	〃	110.0		
			〃（4号）	〃	110.0		
	❾	日本原子力発電（株）	東海	GCR	16.6	1998.3.31	2030年度廃止措置完了予定
	⓫		敦賀（1号）	BWR	35.7	2015.4.27	2039年度廃止措置完了予定
	❿	中部電力（株）	浜岡原子力（1号）	〃	54.0	2009.1.30	2036年度廃止措置完了予定
			〃（2号）	〃	84.0		
	⓬	関西電力（株）	美浜（1号）	PWR	34.0	2015.4.27	2045年度廃止措置完了予定
			〃（2号）	〃	50.0		
	⓭		大飯（1号）	〃	117.5	2018.3.1	2048年度廃止措置完了予定
			〃（2号）	〃	117.5		
	⓯	中国電力（株）	島根原子力（1号）	BWR	46.0	2015.4.30	2045年度廃止措置完了予定
	⓰	四国電力（株）	伊方（1号）	PWR	56.6	2016.5.10	2056年度廃止措置完了予定
			〃（2号）	〃	56.6	2018.5.23	2058年度頃廃止措置完了予定
	⓱	九州電力（株）	玄海原子力（1号）	〃	55.9	2015.4.27	2054年度廃止措置完了予定
			〃（2号）	〃	55.9	2019.4.9	2054年度廃止措置完了予定

（注）BWR：沸騰水型軽水炉、PWR：加圧水型軽水炉、ABWR：改良型沸騰水型軽水炉、APWR：改良型加圧水型軽水炉、GCR：ガス冷却炉

出典：原子力総合パンフレット 日本原子力文化財団

テロを想定した対策

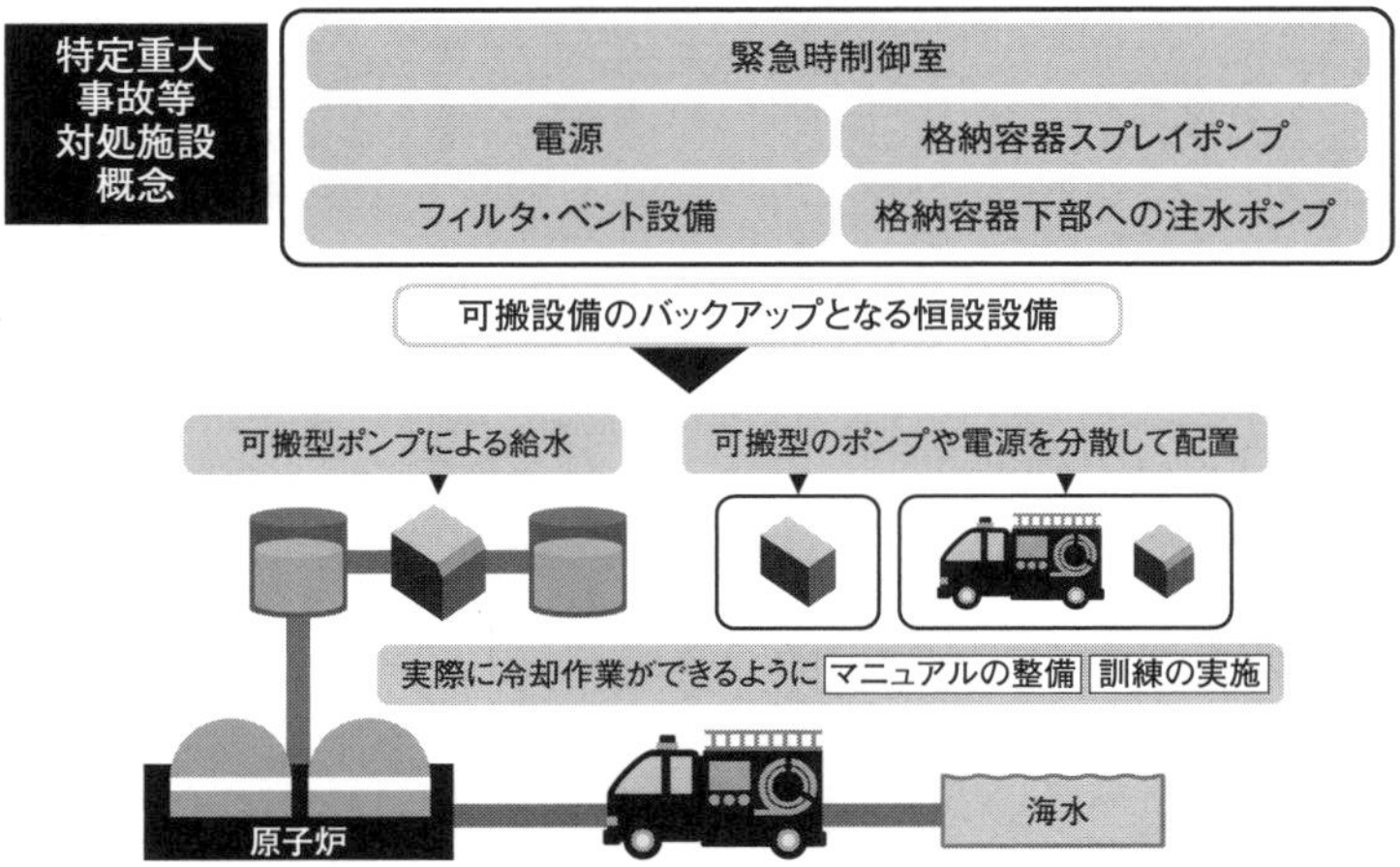

出典：電気事業連合会HP　https://www.fepc.or.jp/nuclear/safety/torikumi/taisaku/index.html

テロ対策の「特重施設」

原発事故が起きるとしたら、大地震などの天災、人為的なミス、そしてもうひとつの原因がテロだ。再稼働にあたっての審査は、地震や津波に耐えられるかどうかが中心だが、それとは別に、テロ対策として「特重施設（特定重大事故等対処施設）」の設置も求めている。

この場合のテロは、アメリカ同時多発テロのように大型飛行機が原子炉に突っ込むようなことを想定している。ミサイル攻撃についてはテロというより「戦争」であり、その対策は防衛省がどう立てているのか、明らかになっていない。たしかに国防上の機密なのだろう。

九州電力 川内原発（鹿児島県薩摩川内市）。特重施設が完成したのは右の1号機
写真：共同通信社

原発のテロ対策も、飛行機が突っ込んでくるからと、迎撃ミサイルを設置するわけではなく、テロそのものを防ぐというよりも、テロにあい、原子炉建屋が破壊された場合などにどうするかという観点でのものだ。ミサイルは分からないが、飛行機が突っ込んだくらいでは、建屋は突き抜けても、圧力容器を破壊することはできないと考えられる。

だが、いずれにしろ、3・11のときのように、瓦礫の山となり、配線が寸断されるなどして、コントロール不能に陥る可能性が高い。さらには、中央制御室が機能しなくなる可能性もある。

そこで原子炉から100メートル以上離れた場所に、特重施設を作らなければならない。バックアップの施設である。

この施設には原子炉圧力容器や原子炉格納容器の減圧・注水機能を有する設備、これらを操作する緊急時制御室等を設置しなければならず、さらに頑健な建物でなければならない。そのため、数千億円かかる。

原子力規制委員会としては、特重施設がないと再稼働は認めない方針だったが、時間と経費がかかるので、すぐには無理だということから、5年間の猶予期間を与えることになった。

特重施設が完成したのが、九州電力川内《せんだい》原発1号機で、２０２０年11月に運用開始した。1号機と2号機合わせて２０００億円以上かかったという。

「革新的エネルギー・環境戦略」

私がもしあと2年、総理を続けていたら、「エネルギー基本計画」を改定し、「原発ゼロ」を明確にし、後戻りできなくしていた。

２０１１年6月の政局で、数か月後の退陣を余儀なくされていたので、そこまでは無理と判断した。そこで6月22日に「エネルギー・環境会議」を立ち上げ、約1年後の２０１２年8月までに「革新的エネルギー・環境戦略」を策定すると決めた。

この会議を野田政権が引き継いで、２０１２年9月14日に「革新的エネルギー・環境戦略」が決定した。パブリックコメントを導入して、国民の意見も広く聞いて、策定されたものだ。そのプロセスも内容も画期的なものだったが、その後の安倍政権が実質的に抹殺したので、忘れた方も多いと思う。

「革新的エネルギー・環境戦略」では、今後のエネルギー政策の〈第一の柱〉として、「原発に依存しない社会の一日も早い実現」を明確に掲げ、これを確実に達成するために、三つの原則を定めてあった。これにより、〈第二の柱「グリーンエネルギー革命の実現」を中心に、２０３０年代に原発稼働ゼロを可能とするよう、あらゆる政策資源を投入する。その過程において安全性が確認された原発は、これを重要電源として活用する〉と明記されていた。

「２０３０年代」というのは、最長で２０３９年まで、２０１２年からだと27年先なので、私も遅すぎると感じたが、脱原発を求める人々の多くも「即時ゼロ」ではないと批判した。

一方、原発推進派には政府の公式文書に「原発稼働ゼロ」と明記されたことはショックだったはずだ。

哲学者が決めた「原発ゼロ」

フランスは原発大国で、福島の事故後も原発を続ける方針だったが、隣のドイツは、いち早く、福島の事故から3か月も経過していない5月30日に「２０２２年までに国内17基のすべてを閉鎖する」と決めた。

この決め方が、興味深い。メルケル首相の諮問委員会として「倫理委員会」を新規に設立し、そこで議論した。これは「賢者の委員会」とも呼ばれるのだが、メンバーには原発の専門家はひとりもいない。日本だと、「専門家の意見を聞いて」となって原発の専門家が呼ばれるだろうが、まるで違うのだ。

参考までに、どういうメンバーなのか、その職業・肩書を調べると、まず、議長は元環境大臣で国連の環境計画委員長も務めた人と、ドイツ学術振興会会長の２人だ。学術振興会は日本の学術会議にあたるものだ。委員として名を連ねているのは、ドクター、プロフェッサーが大半で、ミュンヘン大学名誉教授（危機管理）、教育科学省元大臣・ハンブルク市長、プロテスタント教会司教、ドイツカトリック教会中央会議長、国立科学アカデミー総裁、化学メーカーＢＡＳＦ代表取締役、持続発展協議会議長、ドイツ・ユネスコ委員会議長、ドイツ技術アカデミー総裁、レーゲンスブルク大学教授（実践哲学）、枢機卿、持続発展協議会評議員（経済学）、シュトゥットガルト大学教授（危機管理、社会学）、ベルリン自由大学環境研究所所長、鉱山・化学・エネルギー金属労組議長となっており、原子力の専門家はひとりもいない。

この倫理委員会が「安全なエネルギー供給報告書」をメルケル首相に提出し、それを基に

「脱原発」法が作られ、ドイツ連邦議会で成立した。

メルケル首相は物理学者だ。原子力に詳しい。だが専門家は呼ばず、哲学や宗教、経済学、危機管理といった観点から議論し、原発ゼロを「政治」として決めたのだ。

真似したわけではなく偶然なのだが、私は震災からの復興計画を決める「東日本大震災復興構想会議」には、哲学者の梅原猛氏に名誉議長になってもらい、メンバーには民俗学者の赤坂憲雄氏、僧侶で作家の玄侑宗久氏などにも加わってもらった。

梅原氏は「原発の事故は、近代文明の悪をあぶりだした。これは天災であり、人災であり、『文明災』でもある」と語っておられた。私も同感だ。

東芝、日立、三菱重工の失敗

政府が原発ゼロを決めないために、原発にのめり込んだ結果、巨額の赤字を背負い込んだのが、東芝と日立だ。この2社もいまは原発事業から完全に撤退した。

東芝は２００６年にアメリカ第二の原発メーカーのウェスティングハウスを買収し、東芝グループの一社とした。アメリカで原発を作るために買収したのだ。だがうまくいかず、約98億ドルの損失を出して、２０１７年にウェスティングハウスは経営破綻し、米連邦破産法（日本の民事再生法にあたる）の適用を申請した。このときには会計処理をめぐって不正があったことが発覚し、大揺れした。東芝本体が倒産するのではとまで言われた。

日立は2012年に、イギリスの発電会社ホライズン・ニュークリア・パワーを買収した。メーカーが発電会社を買ったのは、ホライズンが建設予定だった原発を日立が受注するためだ。イギリスは、原発を減らす政策はとっていないが、といって、どんどん作れというのでもなく、いまあるもののリプレース（建て替え）は認めるという政策だ。

ホライズンも、イギリス西部のアングルシー島に2基を新設する計画だった。2015年2月に視察に行ったことがある。

現在の古い型の原発周囲の農場を、巨額の価格を提示して買収を進めていた。そこは比較的貧しい地域で、買収に応じて移転した家の廃墟があちこちにあった。しかし、400年以上、この地に住む一家は買収に応じておらず、私たちを温かく家に迎えてくれた。

アングルシー議会で議員全員を前に話をすることもできた。原発を推進するコンサルタントも同席して、いかに建設予定の原発が安全かを話していたが、私は「福島原発事故のときに半径250キロ圏内から5000万人の避難の可能性が専門家から提示された」「福島原発の事故の検証は終わっておらず、すべての原発が停止している（当時）」「それにもかかわらず、日立が安全と言って外国で原発を建設することは倫理にも反し、日本国内でも反対している」と明確に述べた。

アングルシー議会の議員の多くは、雇用が生まれるなど経済的理由で賛成していると聞いていたが、疑問を感じている議員の発言もあった。その後の住民の会合には会場に入りきれないほどの人が集まり、熱心に話を聞いてくれた。集まった人々は反対の人が圧倒的だった。

3・11以降どの国でも安全規制が強まったため、原発の建設費が日本円にして約3兆円に膨れ上がった。そこで日立はイギリス政府に対し、向こう40年間の電気料金の保証を求めた。再生可能エネルギーの普及で、電気料金が安くなる可能性があり、それだと建設費を回収できないおそれがあったからだ。だがイギリス政府は「一時金を出すのはいいが、何十年間も電気料金を保証することはできない」と主張したため交渉は決裂し、計画は凍結された。

日立はプロジェクトから撤退し、3000億円の損失を出している。

もう一社が三菱重工で、政府とタッグを組む形で海外へ原発を売り込んでいた。これには私も一役買っており、反省するしかない。民主党は新成長戦略の柱として原発輸出を掲げており、私も総理在任中、もちろん3・11の前だが、トルコ、ベトナムに日本の原発をトップセールスしていた。そのメーカーとして予定されていたのが、三菱重工だった。だが、トルコもベトナムも、現地の反対の声が強まり、計画が頓挫した。

3社がすべて大きな傷を負っているので、これで日本のメーカーが海外で原発に手を出すことはないと考えている。安倍政権の継承を掲げる菅《すが》政権はまだ海外輸出をあきらめていな

東芝、日立、三菱重工が相次いで原発事業から撤退

いようだが、政治的にもありえない政策だ。

いま、世界で原発を増設しているのは中国とロシアだ。アメリカもフランスも増えてはいない。アメリカはかなりの数の閉鎖・廃炉を決めている。

日本では、3・11までは新設計画が6基、建設中が3基あったが、すべて止まっている。3・11以後、安全基準が厳しくなり、建設費が当初の予算の何倍にもなりそうなので、常識的に考えれば採算がとれないからやめるところだ。しかし、原子力ムラは常識の通じない世界なので、まだあきらめていない。

原発にまわす資金があれば風力や太陽光の発電所を建てたほうが将来性もある

し、採算もとれるはずだが、なぜかその方向へ行かない。別に法律で、9電力会社は再生可能エネルギーで発電してはいけないとなっているわけではないのに、やろうとしないのである。

立地自治体の事情

原発立地自治体が、財政上の理由で原発の継続を求める事情も理解している。しかし、原発には未来がないことは明らかだ。

地方政界で中心にいる60代、70代が生きている間は原発からの固定資産税や電源三法（後述）による補助金や交付金でやっていけるかもしれないが、その先をどうするのか。

全原発の廃止を即時決定し、立地自治体に十分な手当をし、廃炉にしていくべきなのである。ゼロにすると決めれば、立地自治体としても次の振興策を考えるであろう。原発に希望があると思っている限り、自治体も前へ進めない。

原発ゼロを、自民党と経産省、電力会社が認めないことで弊害が出ている

民主党政権が作った国の革新的エネルギー・環境戦略で最長2039年まで、40年ルールの法律でも2049年までという原発ゼロの時限装置はできていた。

さらに、それぞれの原発の再稼働がしにくいよう審査基準も厳格にしたので、再稼働は困難だ。テロ対策の特重施設には数千億円が必要で、採算が合うのか疑問視されている。各地で原発の運転停止を求める裁判が起こされ、電力会社が敗訴している。新規着工の計画はまだ残っているが、進展はしていない。

２０１３年から２０１５年までの約2年間、現実にすべての原発が止まり、原発ゼロが実現した。その結果、電力が足りなくなり大混乱に陥ることもなく、原発ゼロが夢物語ではないことが実証された。

原発メーカーの東芝、日立は原発事業から撤退しており、残る三菱重工も海外セールスがうまくいっていない。今後、原発を建てようにもメーカーが事実上ないのだ。

立地自治体が再稼働を求めているのは財政のためで、代替の財源があればいい。

放射性廃棄物の最終処分地を決めるためにも、原発ゼロを決めたほうがいい。

このように原発ゼロの結論が出ているのに、経産省・電力会社、そして自民党が認めようとしていないだけなのだ。

政府として原発ゼロを決めないがために、日本は再生可能エネルギーの分野で技術的に他国に後《おく》れをとるなど、さまざまな弊害が生じているので、これをどうにかしたい。

再生可能エネルギーに政治が舵を切った国々では技術革新が進む

上2点：アルト・ラバガン・ダム（ポルトガル）の太陽光発電。ソーラーパネルがダム湖の上にある

左：ロラン島（デンマーク）の水素コミュニティ。風力と水素で地域の電気をまかなう

下3点：マドリード（スペイン）のメガソーラー。再エネのコントロールセンターがある

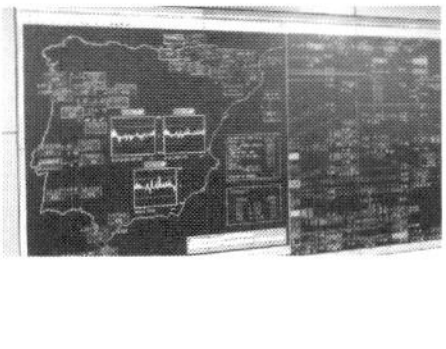

上：遊園地開園直前に事故が起きて放置されたままの観覧車
下：爆発した4号機を覆う石棺を、さらにカバーするための鋼鉄製ドーム

レポート①

事故から30年後のチェルノブイリ

「コロナ禍」では、２０２０年4月に緊急事態宣言が出され、外出を自粛するよう呼びかけられ、東京の都心部も人出が激減した。テレビのニュースで紹介された、ほとんど誰も歩いていない銀座や渋谷の光景を覚えている。

だが、もし、福島第一原発の事故が原子力委員会の近藤駿介委員長が試算した「最悪のシナリオ」（20~21ページ）のように進行していたら、コロナ禍の外出自粛どころではなかった。

この「最悪のシナリオ」は「水素爆発で1号機の原子炉格納容器が壊れ、放射線量が上昇して作業員全員が撤退した」との想定に基づく。

その場合、「注水による冷却ができなくなった2号機、3号機の原子炉や、1号機から4号機の使用済み核燃料プールから放射性物質が放出され、強制移転区域は半径１７０キロ以上、希望者の移転を認める区域が東京都を含む半径２５０キロに及ぶ可能性がある」というものだった。

半径２５０キロとなると東京まで含まれ、そこには政治、行政、経済、文化、マスコミなどの中枢があり、約５０００万人が暮らしている。首都圏を含む福島第一原発から半径２５０キロ圏内が、数十年にわたり、避難が必要な区域となっていたのだ。

10年が過ぎたいまも、東京はまだ人が暮らせる状態ではなかった。人が暮らさなくなった都市がどうなるのか。ＳＦ映画にはそういう設定のものがあるようだが、現実にもある。

私の脳裡に強烈な印象として刻まれているのは、他でもない、旧ソ連のチェルノブイリだ。

２０１５年秋、ドイツに講演などで行った際に、チェルノブイリも視察した。事故から約30年が過ぎており、町には建物は残っているが、人っ子ひとりいない。

ふと見ると、道路の真ん中に木が生えていた。人が暮らしていればクルマも通るし、人も歩くので、道路の真ん中に木が生えることはない。だが30年にわたり人もクルマも通らないと、道路の真ん中に木が生えるのだ。これは衝撃だった。

東京も、銀座通りの真ん中に木が生えるかもしれなかったのか。

そう思うと、改めて原発事故がもたらす「禍《わざわい》」の大きさ、深さを感じた。

原発事故が発生し、「最悪のシナリオ」を読んでから、私は何度も誰もいなくなった東京をイメージしている。福島の現地の爆発した建屋の映像も強烈だが、実際には見ていない「誰もいない銀座通り」が、心象風景として忘れられない。それと、チェルノブイリの道路の真ん中に生えている木とが重なっている。

２０１５年の視察当時に書いたレポートを転載する。

*

２０１５年10月19日、キエフのホテルを午前9時に出発し、10時45分頃チェルノブイリ原発から30キロの検問所に到着。30キロ圏の内側の、原発から10キロ程度離れたチェルノブイリ市内を視察。

現在は原発関係者だけが週の半分程度滞在する町。ガイドしてく

れたのは事故後に生まれた若者だった。

　次にチェルノブイリ原発から3キロにあるプリピャチ市に入る。１９７０年にチェルノブイリ原発の職員の町として建設された。事故発生の翌日住民は全員避難。現在も住民はひとりもいないゴーストタウン。いたるところに木が生えて、無人の建物が森の中に立っているように見える。

　近くには開園直前に事故が起きて使われなかった、遊園地の観覧車がさびて無残な姿をさらしていた。


　いよいよチェルノブイリ原発の敷地内に入る。

　爆発した4号機に加え、その後も稼働し、いまは停止している１、２、3号機、そして事故当時建設中だった5、6号機が敷地内に並んでいる。4号機のすぐそばに視察用の施設がある。

　窓から3号機、4号機が一体の建物が見え、爆発した4号機の部分は石棺で覆われている。そして4号機の石棺部分をさらに上から覆うための巨大な鋼鉄製のドームが4号機に隣接した場所で建設さ

れている。２０１７年には完成し、４号機の部分を覆うように移動されるという。

視察用の施設には、４号機の内部が分かるように開閉できる原発の模型が展示されている。

専門の人から詳しく説明を受ける。１９８６年、４月26日午前１時23分、４号機は突然大爆発を起こした。１０００トンの重さの原子炉上部が30メートル跳ね上がり、90度回って落下。同時に火災が発生。消火にあたった職員と消防士数十人が最初の犠牲者となった。

チェルノブイリ原発はソ連が独自に開発した黒鉛炉で、福島原発の軽水炉とは大きく構造が違う。福島原発事故では地震や津波に対する備えが不十分で、全電源が喪失し、さらに冷却機能が停止し、メルトダウン、メルトスルーが発生し、メルトダウンの過程で発生した水素が外に漏れて水素爆発を起こした。

チェルノブイリ原発では人為ミスで核分裂反応が暴走し、一瞬にして爆発し、放射性物質が飛び散った。いずれも人災といえる。

窓の外に本物の４号機を見ながら、その内側の状況について現物模型で詳しく説明を受けた。

通常の火力発電所なら、どんな事故でも放射能は発生しないので、事故の影響が長期に及ぶことはない。しかし、チェルノブイリ事故から今年（２０１５年）で29年、30キロ圏は許可を受けた人以外は立ち入り禁止。事故を起こした原発は石棺から放射能が漏れ出しているため巨大なカバーを国際的な支援で建設中。原発自体の廃炉にはまだとりかかれていない。

カバーの有効期間は１００年と想定され、その間に廃炉作業を進めたいというが、展望はまったく立っていないようだ。

福島原発事故もまったく同じだ。来年（２０１６年）3月で事故から5年。今回案内してくれたウクライナの若いガイドのように、事故発生後に生まれた人に廃炉作業を託するようになるだろう。現在は原発建設を進めた責任ある人たちの多くが健在だ。
私を含め、その世代が責任を持って脱原発を実現し、これ以上次の世代に放射能被曝の危険を残すべきではないことを改めて強く感じた。

（2015年10月記）

Энергетик

事故から30年後のチェルノブイリ原発から3キロのところにあるプリピャチ市。人が住まなくなった町には、道路にも木が生えており、森の中に無人の建物があるかのようだった。

第2章

再生可能エネルギーと水素社会

ギリシャ神話

ギリシャ神話の中に、火を知らず生肉をかじっていた人間を見てかわいそうに思ったプロメテウスという神が、人間に火を教えたという有名な逸話がある。

それを知ったゼウスは「お前は人間のためを思って火を教えたのだろうが、火は人間に大きな災いをもたらすことになるのだ」と言ってプロメテウスを岩山に括り付け、鷲《わし》に永遠にはらわたをついばませた。

火とは「エネルギー」であると同時に「知恵」を意味している。

知恵を授かった人間は、その知恵を使って原爆を開発し、広島、長崎の悲劇を生んだ。その後「原子力の平和利用」という掛け声のもとで進められたのが原発の開発だ。そして10年前の２０１１年、福島原発事故が発生した。

私は中学生のときにこのギリシャ神話を父親から聞かされ、科学技術と人間の関係を考えるときにはいつも思い出している。

アメリカでの風力発電視察

人間は、今日いろいろな種類のエネルギーを手にしている。

風車もそのひとつだ。風車は何千年も前から人間が使っていた。私が政治家として改めて風力に関心を持ったのはアメリカでの視察がきっかけだ。

私が社民連（社会民主連合）という小さな政党で活動していた１９８０年、アメリカ大使館のスタッフとの交流があり、アメリカ政府から招待を受けた。政治家だけでなく、小説家など色々な分野で活動している人を招待し、１か月間本人が希望するアメリカの好きな場所や団体を視察できるプログラムだった。

私はこの時点で国政選挙に三度落選していた。いい機会なので、アメリカの市民運動を中

デンバー（アメリカ）で風力発電のウインド・テストセンターを視察（1980年）

心に視察する計画を立てて招待に応じることにした。ところが、予定されていた招待の直前、１９８０年5月に衆議院が突然解散になった。自民党内の角福《かくふく》戦争のあおりで、社会党が提出した大平内閣に対する不信任決議案が、福田派と三木派の議員が本会議を欠席したために可決したのだ。大平総理は総辞職ではなく衆議院の解散を選び、総選挙となった。

その前の選挙は１９７９年10月で、わずか8か月でまたも総選挙となったのである。私はこの80年の選挙で初めて当選した。33歳、四度目の挑戦だった。

アメリカ政府の招待は国会議員になってもそのまま有効だったので、時間を短縮して、著名な市民運動団体であるコンシューマーズ・ユニオンやコモンコーズを訪ねることにした。

それに加え、当時「ソフトエネルギー」と呼んでいた再生可能エネルギーの関連で、デンバーにあったウインド・テストセンターも視察した。私と再生可能エネルギーの最初の出会いはこのアメリカ視察旅行だった。

ウインド・テストセンターでは、風力で発電した電気を一般の送電網に流し込んでいた。停電時には自動的に送電をストップさせる仕組みなど、日本では実施されていない試みがすでに行なわれているのを視察できた。

40年前に風力発電に乗り出していれば

三宅島（東京都）にあった風力発電の塔の上まで登る（1986年視察）

実は当時の科学技術庁も、１９７０年代後半から「風トピア計画」と称する風力発電の研究調査をしており、私は１９８２年３月23日の科学技術委員会で、風力発電について初めての質疑を行なった。

質疑では、風力や太陽光など無限に利用できる再生可能エネルギーについて中川一郎科学技術庁長官に見解を質した。また併せて当時の通産省（現・経産省）が進めていた「サンシャイン計画」の中の大規模な風力発電の研究についても質問した。

経産省の担当者は次のように答弁した。

「既存の発電網の系統に接続するような、非常に大規模な風力発電の研究を目指しておりまして、１９７８年度から風力発電に関する要素技術、システム技術、風況調査等の研究を行なっておりまして、その結果を踏まえまして、１９８１年度から、風力発電の実用化を目指して１００キロワット級の風力発電システムの機器の製作、建設に着手しております。予定では１９８２年度において、場所は三宅島でございますが、１００キロ級の実験プラントを建設することにしております。」

このように今から約40年前の段階で、経産省はすでに既存の発電網の系統に接続する風力発電を検討し、実験プラントの建設を予定していると言っていたのだ。

１９８６年に東京電力が三宅島に試験的に設置していた２基の中型の風力発電施設を視察した。そこには日本製と外国製の発電機が１基ずつ設置されており、風車の塔の上まで登ってみた。

東電もこの頃から風力発電に関心を持っていたのだ。しかし残念なことに、東電は三宅島の風力発電施設を実用化せず、試験運転を終えると撤去してしまった。

その後、本格的な風力発電の開発は進まなかった。

その理由は当時の自民党政権と電力会社が、原発を最重点とする政策に舵を切ったからだ。日本でもこの頃から本格的に風力発電に乗り出していれば、状況は変わっていただろうと考えると残念だ。

原発と並行して、再生可能エネルギーの開発に力を入れることも可能だったはずだ。しかし経産省と電力会社は、福島原発事故が起こるまで、「原子力発電こそ日本の主力電源にすべき」と主張し、原子力ムラに依存を高めていた自民党政権も原発一辺倒になっていた。

福島原発事故発生の後、民主党政権は私の総理大臣としての最後の仕事として、原発政策の見直しとともに、固定価格買取制度（ＦＩＴ）を導入する法律を成立させた。このＦＩＴの導入により、初めて再生可能エネルギーへの本格参入が始まったのである。

地球温暖化と再生可能エネルギー

近年、地球上のCO_2濃度が上昇し、地球温暖化が進んでいる。

もともと地球は誕生して最初のうちは、大気の大部分がCO_2であった。現在でも金星や火星の大気は大部分がCO_2である。地球上ではその後、植物から石炭が生まれるなどCO_2の中の炭素成分の固定化が進み、現在のように大気中のCO_2濃度が下がってきていた。

日本でも江戸時代にあたる２００年ぐらい前までは、人間が使う燃料は、農村から供給される薪や炭、つまり植物由来のバイオマス燃料であった。

植物性の燃料は燃やすとCO_2を排出するが、植物が成長するときには逆にCO_2の中の炭素が固定化されるため、大気中のCO_2濃度はあまり変化してこなかった。

しかし近年、石炭、石油、天然ガスなど、過去にCO_2の中の炭素成分を固定化して生まれた化石燃料を大量に燃焼し続けてきたために、CO_2の排出量が増大し、大気中のCO_2濃度が上昇してきたのだ。

今日の地球温暖化はこうした大気中のCO_2濃度の上昇が原因と考えられている。

菅《すが》総理の所信表明演説

菅《すが》総理は２０２０年10月26日の最初の所信表明演説で、２０５０年までにCO_2の排出をゼロにする「カーボンニュートラル」の実現を宣言した。

私も、CO_2の排出をゼロにすることには大賛成だ。しかし、自民党の原子力ムラに応援されている議員の多くは、CO_2ゼロを口実にして原発の再稼働や新設を進めようとしている。これはなんとしても阻止しなくてはならない。

そのために、原発をゼロにした場合、太陽光や風力など再生可能エネルギーによる発電だけで、必要なすべての電力供給が可能かどうかを調べてみた。

その結果、この後で詳しく説明するが、十分に可能であることが分かった。しかも、何十年も先の話ではない。政府が本格的に力を入れれば、２０５０年を待たずとも、20年程度の期間で十分に実現は可能だ。

それに加えて、いま日本が進むべき道として注目されている「水素社会」を実現する上でも、再生可能エネルギーの活用がカギになることが分かった。

再生可能エネルギーによる発電能力

原発は核分裂反応を利用した強力な発電装置である。発電以外には役に立たない設備でもある。

そこで原発のような放射能汚染の危険性がなく、しかも原発よりも低いコストで、CO_2も出さないで発電できる設備があれば、原発は不要になり、原発ゼロは実現できる。

それを可能にするのが再生可能エネルギーによる発電だ。

再生可能エネルギーとは、自然界にある水力、風力、バイオマス、太陽光などの、消費してもなくならないエネルギーのことだ。自然界にあるものでも石油や石炭などの化石燃料は、使うとなくなってしまう上にCO_2を発生する。

以下、再生可能エネルギーそれぞれの特性、現状についてみてみたい。

水力発電はダムから小水力へ

水力は古くから農業用に水車として利用されてきた。

福島原発事故が起こるまで、日本で発電に利用されていた再生可能エネルギーはほとんど

三原村（高知県）の小水力発電の予定地。河川の落差と流量で発電するのでダムは不要。お遍路の際に案内してもらった

が水力発電であった。

水力発電のために日本では古くから大きなダムを建設し、活用してきた。映画にもなった黒部第四ダムがその代表だ。

現在でも日本の電力の10パーセント程度が水力発電で供給されている。しかし、水力発電に適する大半の川にはすでにダムが建設されており、大型のダムの適地はほとんど残されていない。

既存のダムの容量を増やす試みや、小型の水力発電を開発する試みもある。

私は２００４年から、総理在任期間をはさんで、２０１３年までの10年をかけて、四国お遍路を歩き通した。１番札所の霊山寺から88番札所の大窪寺まで歩く間に、多くの人と知り合いになった。

そのなかには高知県三原村でお遍路宿を経営しながら、小水力発電事業を始めた人もいて、2015年に二度目のお遍路で四国に行った際に案内してもらった。地域的な発電事業として今後の展開を期待している。

世界的に広がる風力発電

風力発電は世界で最も広く普及している再エネ発電だ。

ヨーロッパを訪れると、丘陵地帯に多数の風力発電機が林立している光景をよく見る。イギリスでは、陸上だけでなく、北海など海の浅い場所の海底に柱を固定した「着床式」の風力発電が広く普及している。

しかし残念ながら日本では、FIT（固定価格買取制度）を導入した後も期待したほどには風力発電は拡大していない。立地条件や建設資金がかかるといった問題もあるが、電力会社が送電網の利用に協力的でないことが大きな障害となっている。

イギリスなどで普及している海上の着床式風力発電も、日本では陸を離れるとすぐに水深が深くなり、適地が少ない。

福島原発事故の後、経産省の事業として福島沖に浮体式の巨大な風力発電機を実験的に設置した。私も視察に出かけ、期待していた。しかし浮体であるため安定度が低く、補修などのため、そのつど港に戻す必要があるといった問題が分かってきた。

結局、福島沖での浮体式風力発電の実証実験は、安定的な稼働が実現しないまま、残念ながら２０２０年に中止が決まった。

一方、経産省も着床式を念頭に置いた洋上風力発電には力を入れ始めている。２０１９年４月に「再エネ海域利用法（海洋再生可能エネルギー発電設備の整備に係る海域の利用の促進に関する法律）」が施行された。これは洋上風力発電を促進するための法律で、これまで洋上に風力発電機を設置する場合、漁業関係者や船舶運航事業者などとの利害調整の必要があったが、その手続きがルール化された。経産大臣と国交大臣が、洋上風力発電に適した「促進区域」を指定し、最も適切な事業者を公募で選定し、事業計画の認定をする。そして選定された事業者は、その海域を利用する「占用許可」や、ＦＩＴ（固定価格買取制度）の認定を取得するというプロセスだ。今後に期待したい。

バイオマス発電

バイオマス発電では製材業や林業と組み合わせて成功している例がある。

集成材の国内最大のメーカーである銘建工業がそれだ。２００７年に初めて岡山県真庭市にある銘建工業を訪ねてみた。私自身、本籍地は岡山県で、両親の墓も岡山にあり、なじみが深い地域だ。

銘建工業は先代の社長の時代には、集成材を作るときに出る木屑を最初はごみとして捨てていた。現在の社長は従来ごみとして捨てていた木屑をボイラーで燃やし、発生する水蒸気を使って発電を始め、自社でその電力を消費し、余った電気は電力会社に売っている。

現在では銘建工業の地元の真庭市が中心になって木質燃料を使う発電所を建設し、うまくいっている。森林の整備のために切られた枝などを持ち込むと有償で引き取ってくれ、森林整備にも役立っている。

このように製材業や林業とバイオマス発電を組み合わせた事業が、一部地域では広がっているが、再エネ発電全体に占めるバイオマス発電の割合はまだわずかだ。

この10年間に日本で最も普及したのが太陽光発電

再生可能エネルギー発電のなかで、近年日本で普及が著しいのは何といっても太陽光発電である。

特に固定価格買取制度（ＦＩＴ）によって、太陽光発電が採算に合うことが広く知られたため、個人の家庭の屋根や空き地に設置する小規模なものから、大規模なメガソーラーまで、太陽光発電が急激に拡大した。

私自身も２０１３年に自宅を建て直すとき、２４０ワットのソーラーパネル24枚、合計５・７６キロワットの太陽光発電装置を屋根に設置した。毎月東電に支払う電力代金とほぼ同額の売電収入が得られており、ソーラーパネルなどの発電設備にかかった費用もＦＩＴ期間の10年で回収できそうだ。

設備自体はさらに20年は稼働可能なので、ＦＩＴの期限が切れた後は、発電した電力を電力会社に売却するのではなく、電池を利用してできるだけ自家消費にまわすつもりだ。

太陽光の発電量はパネルの面積で決まる

太陽光発電は太陽光を受けるパネルの面積によって発電量が決まる。

大量の発電をするには、多数の太陽光パネルを設置するための広い場所が必要となる。この点、原発は核分裂反応を利用する設備で、太陽光発電に比べるときわめて限られた敷地面積で大量の電力を発電できる。しかしその一方で、核分裂反応に伴う危険性も高い。

現在日本で最も大規模な太陽光発電施設は、私の知る限りかつての塩田の跡地を利用した「くにうみアセットマネジメント株式会社」によるものだ。同社を創業した山﨑養世氏はゴールドマン・サックス証券にいた人で、山﨑氏には２００３年に私が民主党代表だったとき「高速道路無料化」を提案された。私はよい政策だと考えたので同年の総選挙のマニフェス

広島県三原市のソーラーシェアリング(営農型太陽光発電)。農地がパネルで覆われない

トに取り入れたが、その時点では政権交代できず、高速道路無料化は実現できなかった（２００９年に政権交代すると、社会実験として段階的に無料化したが、震災後の２０１１年6月に復旧・復興費用をまかなうために、「一時凍結」された）。

その山﨑氏が立ち上げた会社が瀬戸内市の塩田だったところに、敷地面積約２６５ヘクタールを確保し、その約２３０ヘクタールにソーラーパネルを設置して、約２３５メガワットの電力を供給できる発電所を作り、２０１８年10月から商業運転を開始している。このようなメガソーラーを設置するには広大な土地が必要となり、用地の確保が難しい。

何でも、１１００億円を28の金融機関から集めたという。これくらい大規模な設備だと巨額な資金が必要なのだ。山﨑氏のように金融機関に人脈がないと難しい。

ドイツにはチェルノブイリの事故後の脱原発運動のなかから、市民がお金を出し合って設立した、再生可能エネルギーの電力会社「シェーナウ電力会社」があり、16万の顧客に電力を供給している。そこで日本でも、再生可能エネルギーだけで発電する電力会社を誕生させることができないかと、山﨑氏に相談したことがある。

しかし残念ながら発電した電力は、中国電力に売る契約になったという。たしか向こう20年間ぐらいの契約だと聞いた。たしかに、まとめて一か所に売ったほうが、いくつもの売り先を探すより効率がいいので、ビジネスとして考えた場合、中国電力に売るのがいちばんいい。

今後もこういう形で、9電力会社の一社に全部売るという前提で、太陽光発電所を作る企業が出てくるだろう。

広い用地が必要という制約を突破

この広い土地の確保という困難な制約を突破する道を開いてくれたのが「ソーラーシェアリング」だ。

ソーラーシェアリングは営農と発電を両立させる太陽光発電で、農水省は「営農型太陽光

千葉県市原市のソーラーシェアリング。発案と名付け親の長島氏と

発電」と名付けている。営農と発電を両立させることがはっきりする「営農型太陽光発電」と呼ぶほうが誤解を生まないので、私もできるだけそう呼ぶことにしている。

営農型太陽光発電は長島彬氏が発案した方法で、太陽から降り注ぐ光を農作物と太陽光パネルとで分け合うことから、「ソーラーシェアリング」と長島氏が名付けられた。

私がソーラーシェアリングの存在を知り、発案者の長島彬氏に初めて会ってから10年近くになる。この間ソーラーシェアリングの原理を利用した多くの施設を視察した。

２０１７年4月3日には細川護熙氏、小泉純一郎氏、そして私の3人の総理経験者が、千葉県匝瑳《そうさ》市に完成した「匝瑳《そうさ》メガソーラーシェアリング」の開所式に出席した。

千葉県の匝瑳メガソーラーシェアリング。耕作機もパネルの下に入れる。開所式には細川氏、小泉氏とともに参加した

この匝瑳メガソーラーシェアリングは、「市民発電所」という点でも注目されている。

２０１３年12月に、千葉県内の環境や自然エネルギーにかかわる複数の団体有志が、「自分たちでもひとつずつ市民発電所を作ろう！」と思い立ち、協議を続け、ソーラーシェアリングと市民発電所の設立に特化した法人を作ったのだ。

法人には株式会社、有限会社が多いが、6団体9名の有志による「合同会社」という形式を選び、２０１４年7月に「市民エネルギーちば合同会社」を設立した。

合同会社は、株式会社とは異なり、株式の持分により議決権が割り振られるのではなく、出資金の大小にかかわらずひとり1票ずつの議決権がある。

定款には、「経費を差し引いた利益を出資者で分配しない」という条項があり、利益は出資者に配当されるのではなく、自然エネルギーを中心とした環境活動に還流されるのだと聞いた。

ソーラーシェアリングの原理

ソーラーシェアリングは全国的に急激に普及している。

あまり広くない農地を所有している自営農家には、一般に農業収入だけでは生活が苦しく、会社勤めをしながら農業を営む兼業農家が多い。このような兼業農家がソーラーシェアリング発電を始めた例では、農業収入に加え、電力収入が得られることになり、私が知る限りほとんどの例で経済的には成功している。

しかしこの営農型太陽光発電＝ソーラーシェアリングが、日本の全消費電力を供給できるほどの可能性を持っていることは、まだ一般の人にはほとんど知られていない。

メガソーラーに比べて一般に規模が小さく、ひとつひとつの発電量も比較的小さいからである。

以下、長島氏が発案されたソーラーシェアリングの原理、従来の消極的姿勢から積極的姿勢に変わりつつある農水省の姿勢、全国に広がる多くの実践例、そしていかにすれば日本が必要とする全電力の供給が可能かについて説明したい。

加えて、近年注目されている「水素社会」実現のためのカギになるのがソーラーシェアリングであることも説明したい。

発案者である長島彬氏が２０１５年に出版した『日本を変える、世界を変える！「ソーラーシェアリング」のすすめ』(リックテレコム)にその原理が詳しく説明されている。

最大のポイントは長島氏が「光《ひかり》飽和点」に着目したところから始まる。この本の36ページにはその経緯について以下のように書かれている。

「太陽光発電は多大の面積を必要とする欠点を持っています。この面積問題の解決策として、

１９９０年代には、休耕地や耕作放棄地等を利用する案から抜け出られない時期がありました。２００３年の年末に、慶應義塾大学が使用している生物学の教科書の中に、植物の光飽和点の説明を見つけ、すべての田畑はもとより、果樹園、公園や牧場などに生える植物が強い光を利用できていないこと、むしろ多くの動物と同じように、強い太陽光自体がストレスになることに気づき、『ソーラーシェアリングの基本構想』が瞬時に出来あがりました。（中略）

農地や牧場などにパネルを設置して、太陽光を（パネルと植物に）分かち合えるようにすれば、太陽光発電が一気に拡大します。資源小国といわれてきた日本が資源大国となり、輸入する化石燃料使用量を激減させる道が開けるのではと発想できます」

長島氏は植物の成長に必要な光には「光飽和点」があり、それ以上の光はどちらかと言えばマイナスになることを発見したのだ。まさに「コロンブスの卵」だ。

そしてこの発見が、比較的国土の狭い日本における、太陽光発電の可能性を大きく拡大したのだ。

農地を利用した太陽光発電

固定価格買取制度（ＦＩＴ）の効果もあって空いている土地を活用する太陽光発電、メガソーラーが全国に建設されるようになった。

しかし日本は山が多く、平坦な土地の大半は農地として利用されており、農地法では、原則的に農地は農業以外の目的には利用できないことになっている。そのため、太陽光発電設備を設置するには、農地を宅地に転用する許可が必要だが、農地の宅地転用は特別な理由がない限り原則として認められてこなかった。

農水省は自給率を向上させるため、巨額の税金を費やして長年全国の農地整備を進めてきており、それだけに、農水省が農業以外の目的のために農地を転用するのを認めることに慎重なのは理解できる。しかし一方で、農業だけでは十分な収入が確保できない小規模の農家では、若い後継者が農業を継がないため、現在多くの地域で耕作放棄地が広がっている問題も出てきている。

こうした背景もあって、近年、農水省も農業を継続しながら同時に太陽光発電を行なう、ソーラーシェアリング（営農型太陽光発電）に対して理解を示すようになってきた。

つまり営農の継続を条件としてソーラーシェアリングを認めるようになってきたのだ。

これまで農業だけでは十分な収入が得られなかった農地でも、太陽光発電収入と合わせればかなりの収入が確保できる。それは現在増えてきている耕作放棄地を減少させることにもつながり、農水省も理解を示すようになったのだ。

柱の下だけの農地転用

営農型太陽光発電にはパネルを設置するために、農地に間隔を置いて柱を立てる必要がある。２０１３年、農水省はその柱の根元部分だけ、地元の農業委員会の判断で宅地転用を認めることにしたのだ。

ただし、営農型太陽光発電を実施した農地が近隣の農地に比較して同じ作物での収量が20パーセント以上少ない状態が続くと、宅地転用が取り消され、柱を撤去しなければならない。そうなると当然、太陽光発電ができなくなる。

従来、転用継続を認めるかどうかの判断が3年おきに審査されていた。金融機関の立場からすると、3年間で設備の撤去が命じられる可能性がある発電設備に、融資を認めることは難しい。

しかし、この点についても農水省は規制を緩和し、２０１８年から一時転用の期間が10年に延長された。そのために太陽光発電の建設に必要な融資を金融機関から受けやすくなった。

若い人が働く営農型太陽光発電の実例

営農型太陽光発電は、農水省の出した２０２０年度版「営農型太陽光発電取組支援ガイドブック」にも多くの実施例が紹介されている。

私も多くの例を見てきたが、なかでも群馬県を中心に事業を進めている「ファームドゥ」は注目に値する。

ファームドゥの社長の岩井雅之氏はもともと農業機械を販売していた人で、農家とは長い付き合いがあった。農家では若い人が後《あと》を継《つ》いでくれないために、農地が耕作放棄地のようになる例も多かった。岩井氏はそうした土地を次々と借りて温室を建て、その屋根に太陽光の約半分が透過するシースルー型ソーラーパネルを設置した。温室の中では温度管理をするなどして人工土壌で付加価値の高いイチゴや野菜の栽培を行なっている。

私が特に注目したのは、多くの若者がそこで農業に従事していることだ。

従来、農家の多くでは親の後を継いで農業を継続する。しかし、耕作面積が狭く、農業収入が少ない場合は兼業農家が多く、なかには後継ぎがおらず、農地が耕作放棄地になっている例も少なくない。

そうしたなかで、もともと農業経験のない多くの若い人が農業に従事している姿にはびっくりした。それなりの収入が得られれば農業をやりたい若者はいるのだ。ファームドゥではそうした若者向けの社宅も用意している。

営農型太陽光発電の驚くべき潜在力

農水省が比較的積極姿勢に変わってきたことも影響して、農地を活用した営農型太陽光発電は拡大してきている。

前述の農水省が出した2020年度版「営農型太陽光発電取組支援ガイドブック」によると、営農型太陽光発電設備を設置するための農地転用許可件数は2013年に始まり、2018年には累計で1992件、面積で560ヘクタールとなっている。

営農型太陽光発電による発電量は近年高い率で増えているが、絶対量はまだまだ少なく、日本の全発電量の0・1パーセントにも達していない。

そこで、営農型太陽光発電の発案者の長島氏にも協力していただき、日本の農地全体で営農型太陽光発電を実施した場合にどのくらいの発電が可能かを計算してみた。

すると驚くべき結果が出た。

理論的には、私が漠然と考えていたよりもはるかに多くの発電が可能ということが分かったのだ。

日本の全農地面積は約400万ヘクタールある。

これまでの実施例から土地1ヘクタールにつき500キロワットの太陽光発電設備、つま

営農型太陽光発電設備を設置するための農地転用許可件数

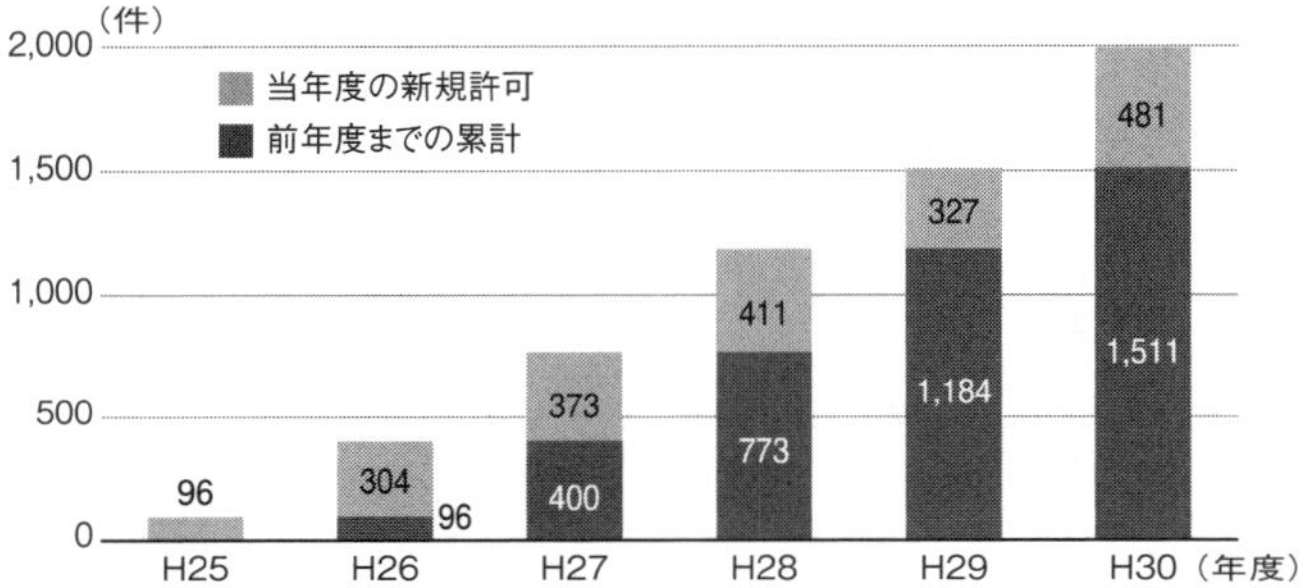

設備設置の許可件数、面積は、平成30年度までの累積で、1,992件、560ha

出典：2020年度版「営農型太陽光発電取組支援ガイドブック」農林水産省HP
https://www.maff.go.jp/j/shokusan/renewable/energy/attach/pdf/einou-53.pdf

りソーラーパネルが設置可能だ。

日照時間は１日平均３時間として年間３６５日で約１０００時間。全農地約４００万ヘクタールで実施すると、以下のような計算になる。

５００ｋＷ×１０００時間×４００万ha＝２兆ｋＷｈ（キロワットアワー）

現在の日本における年間電力消費量は約１兆キロワットアワー。つまり理論的には、全農地で営農型太陽光発電をすれば、年間電力消費量の２倍の発電が可能ということだ。この結果には私自身びっくりした。

繰り返すが、これは農業をやめて発電しようというのではない。農業を継続しながら発電することで現在の電力消費量の2倍の発電が可能ということだ。

水力、太陽光、風力、バイオマス発電など既存の再エネ発電で電力使用量の20パーセント程度は発電できているので、それを差し引くと営農型太陽光発電で年間８０００億キロワットアワー発電できれば十分に足りることになる。計算すると次のようになる。


５００ｋＷ×１０００時間×１６０万ha＝８０００億ｋＷｈ

つまり農地の40パーセントにあたる１６０万ヘクタールを使って、営農を続けながら太陽光発電すれば、日本が必要とする全電力は再生可能エネルギーだけで十分供給可能なのだ。

国会で質問するために、農水省の担当者にもこの数字を確認してもらった。「原理的にはその通りです」という見解を得た。

そこで２０２０年11月9日、私は菅《すが》内閣あての質問主意書を出し、その数字を示した。すると11月20日「内閣総理大臣菅義偉」名で、以下のような答弁書が届いた。

「お尋ねの『ソーラーシェアリングを活用すれば日本の全消費電力を再生可能エネルギーで供給できるという提案』については、例えば、御指摘の『日本の総農地面積』の『四十パーセント』を活用するとの前提など、農地の活用等の実現可能性との関係が明らかではないことから、お答えすることは困難である。」

結果的には門前払いの答弁だが、私の主張を否定はしていない。農地の活用の可能性を高める政策をとるかどうかは政治の選択であり、政権が交代すれば実現可能だ。

営農型太陽光発電のコスト

発電コストについても長島氏の協力を得て試算した。

太陽光パネルの価格は近年大幅に下がっており、発電設備費用は1キロワットあたり15万円程度。年間1000時間の日照で年間発電量は1000キロワットアワー。20年間稼働すると2万キロワットアワーだ。15万円÷2万kWh＝7・5円となる。

つまり1キロワットアワーあたりの発電原価は10円以下で、原発よりも十分に安い。

福島原発事故以降、原発の新設コストはそれまでの3倍程度まで上昇した。日本の原発メーカーが海外での原発建設から撤退したのも、建設コストの高騰で採算が合わなくなったからだ。

原発の発電コストについて経産省はいまでも1キロワットアワーあたり10円超といってい

る。「10円超」というのは10円を上回る費用がかかるということだが、10円をどのくらい超えるかはっきりさせたくない経産省が苦肉の策で「10円超」と表現しているのだ。実際には、原発の建設費用に使用済み燃料の処理費などを考慮すると、少なくとも1キロワットアワーあたり15円以上になっていることは間違いない。

再エネ発電では1キロワットアワーあたり10円を切っているので、コスト競争では原発に勝ち目はない。

太陽光発電のもうひとつの制約

太陽光発電には、昼間しか発電できないという制約がある。

そのため、太陽光発電量が大きいからといって、夜間電力などすべてを太陽光発電で供給できないことは当然である。しかし、夜にも発電する風力や、電池の活用などほかの電源とうまく組み合わせれば、大半の電力を太陽光と風力とでまかなうことは可能だ。

特に、次に述べる水素との組み合わせによって、その可能性は大きく広がるはずだ。

再エネ・水素社会

近年「水素社会」が注目されてきている。

その最大の理由は、水素は燃えて酸素と化合してもH_2O即ち水になるだけで、CO_2（二酸化炭素）を発生させず、地球温暖化の原因にならないからである。

そして再生可能エネルギーは、CO_2を出さずに発電でき、水を電気分解することで容易に水素を発生させることができるからだ。

つまり原理的に、再エネは電気に転換が容易であり、電気は水から水素を生み出すことが容易である。

そのことが「再エネ・水素社会」が実現可能である最も大きな点だ。

他方、原発にとっては水素は危険物だ。

「水素」という言葉を聞くと、福島原発事故発生2日目に起きた1号機の水素爆発が思い出される。

メルトダウンを起こした1号機内で、高温の金属に触れた水が分解して水素が発生し、上昇した水素が建屋の上部で爆発し、建屋を滅茶苦茶に破壊したのだ。

水素は可燃性なので、扱いを間違えると危険だが、将来のエネルギーとして大きな可能性を有していることは間違いない。

水素社会実現には再生可能エネルギーがカギ

近年「水素社会」の実現が盛んに言われるようになった。

水素は原子核の周りを１個の電子がまわる原子番号１の最もシンプルな原子であり、水素分子はH_2で、最も軽い気体である。そして燃やすとH_2Oつまり水になり、CO_2は発生せず、大気汚染にならない。

水素社会とは、従来の石油などの化石燃料依存から脱却し、水素を中心にしたエネルギーに転換を図ろうという政策だ。

水素燃料電池車をはじめ、自動車の燃料としても水素が有力視されている。水素は燃やしても水ができるだけで、地球温暖化の原因となるCO_2が発生しないからである。

問題はどういう方法で水素を得るかだ。なかには水素を得るために、水素を生み出す段階でCO_2を排出する方法を提案する人がいる。これは誰が考えても矛盾しており、問題解決にはならない。

またオーストラリアのような広い土地のあるところで、太陽光発電を行ない、その電気を使った水電気分解で生まれた水素を日本に輸入しようという案もある。しかしソーラーパネルを設置する場所があれば、外国で発電する必要はない。

ここで注目してほしい。日本はたしかにオーストラリアに比べれば国土面積ははるかに狭い。しかも山林が多く、平地は少ない。しかし日本の農地は約４００万ヘクタールある。

すでに説明したように、営農型太陽光発電＝ソーラーシェアリングをフルに活用すれば、営農を継続しながら現在の電力消費量の2倍の年間2兆キロワットアワーの発電が可能である。現在の日本の電力消費量は約1兆キロワットアワーなので、これを超える発電を活用し、水の電気分解によって水素を生み出すことが水素社会実現のカギだと考える。

前述したように、いまから約２００年前まで、農村は都市に食料を供給するだけでなく、薪や炭という形でエネルギーも供給していた。

それが農村と無関係のエネルギー源である石炭に代わり、石油に代わり、さらに原子力に代わってきた。営農型太陽光発電はもう一度農村を食料だけでなくエネルギーの供給地に戻すことを意味する。

農水省も、農林漁業だけでなく、営農型太陽光発電による電力供給の役割を務め、役所の名称も「農林水産再エネ省」と変更することを勧めたい。

自動車だけではないCO_2排出源

CO_2の排出に関しては、自動車などからの排出をいかになくすかが焦点となっている。

しかし実は輸送機関だけがCO_2を排出しているわけではない。

製鉄の過程でもCO_2が大量に排出されているのだ。鉄の原料となる「鉄鉱石」は、鉄が酸素と化合した酸化物である。鉄鉱石から鉄を作るには、鉄鉱石に含まれる酸素を取り除くことが必要となる。

これまでの製鉄では、鉄と化合している酸素を取り除くために大量のコークスが使われてきた。コークスは炭素の塊であり、その炭素が鉄鉱石の酸素と化合して大量のCO_2が発生することが避けられなかった。

コークスの代わりに水素を使えば、鉄鉱石中の酸素は水素と化合してH_2Oつまり水になるだけで、CO_2は発生しない。このように水素は製鉄などの分野でのCO_2排出削減にも役立つのだ。

水素社会を牽引するために

太陽光発電と風力発電の特性を組み合わせて、そこから生まれる余剰の電気で水を電気分解し、水素を生み出すのが水素社会実現の有力な手段だ。

日本では原発を所有する9電力会社が送電網の利用を不当に制限しているため、風力発電が期待したほどには伸びていない。

環境省では、風力発電で生まれた電力を用いて水を電気分解して水素を生産するプロジェクトを推進している。これならば風力発電所の近くで水素を生産し、水素を必要とするところに輸送すればいい。

日本国内で太陽光と風力による発電を使って水素を発生させれば、世界の水素社会を牽引できるはずだ。

経産省が原発にこだわっている限り、大胆なエネルギー政策の転換ができないのだ。

再生可能エネルギーは農林業に関連が深い分野だ。再生可能エネルギーの所管を、やる気をみせている農水省に移したほうが、再エネ・水素社会の実現への道が開けるのではないだろうか。

第3章

真の電力改革

発送電完全分離・独立が必要

子会社によるインチキな発送電分離

私の政権が続いていればやりたかったことのひとつが、電力会社の発送電の完全分離だ。２０１５年に電気事業法が改正され、送配電部門の中立性を確保する観点から、２０２０年４月から法的分離による発送電分離が行なわれることになり、現在、表面上は発送電分離が実現した。しかし実態は、原発を有する9電力会社が、それぞれの子会社に送電網の所有権を移しただけで、実質的な支配権は手放していない。

このことが9電力会社の横暴を許す原因となっており、再生可能エネルギーの普及を妨げている。見過ごせない問題だ。

ドイツとスペインの発送電分離

日本より先に、電力会社から送電部門を分離させたドイツとスペインの例を紹介しよう。

ドイツの送電会社には2種類あり、ひとつが日本の東電や関電のような大電力会社の送電部門が分離されたもので、「広域送電会社」と呼ばれ、4社ある。旧電力会社からは完全に独立し、超高圧の長距離幹線を運営している。道路における高速道路のようなものだ。この広域送電会社は自社域内の電力の安定供給だけでなく、周辺国との連携も担当する。「周辺国」とも電力を融通し合うのは日本とは大きく異なる。

もうひとつが「地域送電会社」で、全国に約860社あるらしい。それぞれ広域送電会社とつながり、市町村単位で事業所や家庭に配電する。市町村が運営しているケースもある。広域送電会社は民間企業だが、送電網は公共的なインフラなので、連邦ネットワーク規制庁の監督下にあり、公平性が担保されている。

こうした仕組みのもとで、ドイツでは再生可能エネルギーによる電力が火力発電などの電力よりも優先的に買い取られるが、それをやっているのが送電会社なのだ。

翌日の天気を予測し、この地域では太陽光でこれくらい発電できるだろう、風の強さはこれくらいだから風力発電ではこれくらいと計算し、再エネの電力を優先させる。それでも足りない分を火力などで補う。そういう調整を送電会社がやっている。

スペインでは発電会社から完全に独立した送電会社が一社ある。

送電会社は原子力、化石燃料、風力、太陽光など各種の発電会社が発電した電力を需要に応じて最適に組み合わせて供給している。つまり、天候によって変化する太陽光や風力での発電量を予想し、不足分を石炭や石油などによる発電で補っている。

技術的には日本でも可能だ。できないのではなく、やらない。経産省がやらせようとしない。つまり、経産省が９電力会社の既得権益を守れるように、送電網を所有する会社の子会社化を認めているからだ。

本来なら、ドイツやスペインのように発電会社から完全に独立した送電会社を設立し、再生可能エネルギーを含むすべての発電会社の電力を送電会社が最も効率的に組み合わせて送電すべきなのだ。しかし日本の現状は、形式上の発送電分離は実現したが、所有権が完全に分離されておらず、中途半端なものだ。

自由主義経済の理屈が通用しない電力会社

電力会社は戦前は大小４７０社ほどあり、各地で料金を競い合っていた。だが太平洋戦争が近づいていた１９４１（昭和16）年8月に国家総動員法に基づく勅令の「配電統制令」が施行され、全国規模で発電・送電を管理する特殊会社「日本発送電」と、全国で九つの大規模配電事業者に再編された。

このときの九つの配電会社が現在の東京電力などの9社のベースになる。これにより商工省（経産省の前身）の下に電力は国家管理された。戦争が激しくなると、電力は軍需省の管轄になるが、敗戦によって軍需省はなくなった。

戦後の改革のなか、白洲次郎が動いたという説もあるが、1951年に電気事業は再編成され、戦中の日本発送電と九つの配電会社は解散し、地域ごとに一社独占で、発電・送電・配電を一貫して経営する電力会社が誕生した。北海道電力・東北電力・東京電力・中部電力・北陸電力・関西電力・中国電力・四国電力・九州電力である。これに沖縄電力も加わり、10社となった。このうち原発がないのは沖縄だけだ。

いずれも株式会社で民間企業ではあるが、競争がなかった。東京都に住む人は東京電力から電力を買う以外の選択肢はなかった。地域独占なのである。自由主義経済の原理が働いていない。その結果、料金の競争がなくなった。

電力会社の横暴を許す総括原価方式

電気料金は電力自由化前は総括原価方式によって算出されていた。これは、電力を発電して供給するのにかかったすべての経費を算出し、３パーセントを上乗せしたのが料金になる仕組みで、国民生活に不可欠のエネルギーの安定供給のため、電力事業に認められていた方式だ。経費には資材費や建設費だけでなく、人件費、交際費、宣伝・広告費まで含まれる。

普通の企業では、売上から経費を引いたものが利益になるので、利益を出すためには、たくさん売り、経費を削減する。自治体も税収が限られていれば、支出を削減しようとする。だが、電力会社は利益をあげようと思ったら、経費をたくさんかけるのだ。たとえば経費が１０００億円かかったら、３パーセント乗せるので30億円の利益だ。１２００億円かけたら、利益は36億円になる。

そのため、各電力会社はその地域の他の企業にとって、大のお得意様となる。電力会社は大企業なので、購入する物品も半端ではない。従業員の制服だけでもかなりの数だ。こういう物品をすべて、言い値で買ってくれるのだ。普通なら「たくさん買うからまけてよ」とか「長い付き合いじゃないか」と値引きを迫られるが、電力会社の場合、「もっと高くてもいいよ」となる。

最も分かりやすいのが宣伝・広告費だ。福島の事故後は電力会社のテレビコマーシャルも自粛されていたが、事故前は大量に流していた。なかにはオール電化を宣伝するものもあったが、不思議なことに、たとえば私が暮らす東京では、東京電力が「節電」のコマーシャルを流していた。「電気の無駄遣いをしないで」という趣旨だったと思うが、よく考えるとおかしな話だ。電力会社の商品は「電気」だ。「節電」というのは電気を使わない、つまり買わないことだ。それを電力会社が宣伝していたのである。政府広報として節電を呼びかけるのとは話が違う。これは、テレビのコマーシャルを大量に流すことで経費をたくさん計上するためでもあり、テレビ会社のお得意様となることで、原子力発電推進に反対しないよう、無言の圧力をかけるためだ。

そもそも地域独占で競争相手がいないのだから、コマーシャルを流して宣伝する必要はない。値段は自分で決められ、高くてもライバル企業がいないので製品は確実に売れ、経費は使いたい放題、宣伝・広告費もいくらでも使えた。こんな企業が、他にあるだろうか。

電気事業法が生む、いびつな関係

一方、電気事業法によって、各電力会社は経産省の監督下にあり、箸の上げ下ろしまで指図される。ところが、経産省はそれだけ強い権限を持っていながら、電力会社に対して甘い。だから、あのような事故が起きたとも言える。

経産省は電力会社に対し強大な権限があるがゆえに、それを行使しないことで、影響力を維持するという、いびつな関係にあった。

その象徴とも言えるのが、関西電力の役員たちが高浜原発の地元業者の関係者から裏金を受け取っていた事件だ。経産省は、電気事業法によって立ち入り検査権など、電力会社に対して強い監督責任を有しており、その分、責任も大きい。経産省は関西電力に対して、電気事業法に基づいて直接立ち入り検査をするべきなのに、そうしなかった。その代わり、関電が委託した弁護士グループが「第三者委員会」と名乗って調査した。調査にあたったのは、関西電力が雇った弁護士であって「第三者」ではないのに、それを経産省は容認したのだ。

中途半端な電力自由化

このように地域独占であることと、総括原価方式によって自分で電気料金を決められることで、電力各社は、他の業種、他の企業とはまったく異なる性格を持っていた。

自由競争が是とされるなか、さすがに電力事業もこのままではまずいとなり、「電力の自由化」が議論された。

だが電力会社の抵抗が強く、なかなか進まず、１９９５年に電力会社に卸電力を供給する発電事業者（ＩＰＰ）の参入と、大型ビルなど特定地点への小売供給が特定電気事業者に認められることで、ようやく自由化が始まった。２０００年には大規模な需要先に対しての特定規模電気事業者（ＰＰＳ）による小売も認められた。

この時点では２０００キロワット以上の受電をする大規模需要先に対してしか小売は認められなかったが、その基準は少しずつ引き下げられ、２０１６年には基準が撤廃されて一般家庭でもＩＰＰからの購入が可能となり、一気に自由化は進んだ。これで、たとえば東京都に住んでいる一般家庭も、東電以外から電力を買うことができるようになった。

この自由化の動きに対応するため、たとえば東電は、持ち株会社体制へと移行し、元の「東京電力株式会社」を「東京電力ホールディングス株式会社」に社名変更し、燃料・火力発電事業は「東京電力フュエル＆パワー株式会社」、送配電事業は「東京電力パワーグリッド株式会社」、小売電気事業は「東京電力エナジーパートナー株式会社」と3社に分割した。

パワーグリッドは東京電力フュエル＆パワーの電力も流すし、よその再生可能エネルギーの電力も流す。そこまではいい。

本来求められている発送電分離の姿

問題の本質は、新しく設立された送電会社が東電など原発を所有する9電力会社それぞれの子会社ということだ。9電力会社の子会社である送電会社は、新興の再生可能エネルギーの発電会社の電力よりも、親会社の原発が発電する電力を有利に扱おうとするからだ。

電力自由化とはいえ、すでに存在する送電網があるのに、新たに送電網を張り巡らせて送電会社を作ろうという企業はない。送電網を整備してきたのは、東電や関電などの9電力会社だが、その原資は各家庭や事業者が払った電気料金だ。民間会社の所有物とはいえ、公共財としてのインフラである。水道管やガス管と同じ性質のものだ。したがって、今後も大規模送電会社は9電力会社の子会社以外は誕生しないだろう。

　ではどうすればいいのか。すでにドイツやスペインで行なわれているように、旧来の電力会社から完全に分離独立した送電網の管理会社を新たに設立するのだ。その管理会社が、旧来の電力会社から送電網を買い取る。その上で、再生可能エネルギー発電や火力発電など、いろいろな方法で発電した電力を、国民にとって望ましい形となるように組み合わせて供給する。これが本来求められている発送電分離であり、電力自由化のはずだ。

　送電網を適正価格で送電網管理会社に売却すれば、東電にも相当の売却代金が入り、原発事故被害者への賠償に充てることができる。

　現状のように、9電力会社の子会社に送電網の所有権を移すだけでは、供給する電力の組み合わせを親会社に有利なように決めることになり、これまでと変わらない。中立的な送電網管理会社にしなければ、親会社による地域独占の弊害もそのままだ。9電力会社は、それをいいことに、再エネ発電に不利な料金体系にしようとしているわけだ。

　小売電気事業者が送電会社に支払う送電網の利用料金のことを「託送《たくそう》料金」という。送電会社に送電を託しているという意味だ。

発電した電力は送電網を通じて消費者に届けられるが、その間に「小売電気事業者」と「送配電事業者」が存在する。消費者は使用量に応じて小売電気事業者に「電気料金」を支払う。小売電気事業者は発電事業者に「発電料」を払って電力を買うが、さらに送配電事業者にも「託送《たくそう》料金」を払う。この託送料金は経産省の認可が必要で地域ごとに決められているのだが、再エネ発電に不利な料金設定になっているのだ。

これでは何のための電力自由化、発送電分離なのか、まったく分からない。

経産省の利権構造

総理在任中も感じたが、経産省の利権構造というのは、すさまじい。

その力の源泉となっているのが許認可権だ。これはどの役所にもあるのだが、経産省の、電力会社に対する権限は最も強いと言っていい。電気事業法を丁寧に読むと分かるが、東電以下、どの電力会社も経産省には頭が上がらない仕組みの法律になっている。

ならば、経産省さえ政策転換すれば原発ゼロに向かうのかというと、そうならない。権限が強い経産省を、監督される側の電力会社が政治的にコントロールしている。簡単に言えば、天下りを受け入れることで、経産省をコントロールしてきたのだ。

分かりやすい例で言えば、原子力安全・保安院による点検、検査だ。これが甘かった。福島原発事故当時の院長が経済学部出身だったことは前にも記したが、さすがに検査員は素人ではない。だが、電力会社の社員のほうが、実際に原発を動かしているので知識は上だ。技術レベルも高い。その結果、規制する側の保安院が、どういうチェック項目にして、どの基準なら合格とするかを、電力会社と相談して決めていた。学校で、教員が成績のいい生徒と相談して試験問題を作っているようなものだ。

天下りは、最近はできにくくなっているが、以前はすごかった。

原子力ムラという場合、さらに原発メーカーも加わる。そして自民党だ。経産省、電力会社、原発メーカー、自民党による利権構造はまだ完全には壊れていない。彼らも必死でこの構造を維持しようとしている。

しかし、原子力規制委員会を設置する改革は、ボディブローのように効いてきている。私はこの規制委員会をかなり評価している。福島原発事故の反省に立って、新規制基準などを決め、経産省とは独立した立場で判断しているからだ。

次の大改革のはずの発送電分離は中途半端な状態で、しかも託送《たくそう》料金問題もある。ここが原子力ムラにとっての最後の砦と言える。

これまで、そういう構造も一般の国民には見えなかったが、3・11で原発の安全神話が崩れると同時に、その神話を支えてきた利権構造も明白になってきた。

日本は太陽光発電や風力発電の技術は世界でもトップクラスだった。これらを管轄しているのも経産省だ。原発はもう未来がないのだから、再生可能エネルギーにシフトすれば、自分たちの将来も安泰なのに、そうしなかった。そのおかげで、日本は再生可能エネルギーの分野でも遅れてしまった。国難と言っていい。

経産省よ、目覚めよ

経産省は橋本龍太郎内閣の行政改革で生まれ、前身は通商産業省だ。さらにその前、戦前は商工省といった。東條英機内閣で商工大臣だったのが、安倍晋三氏の祖父、岸信介元首相だ。安倍氏にとっては、祖父の代から親密な関係の省庁で、そのせいなのか、安倍政権では経産省が強かった。

通産省時代は、城山三郎著『官僚たちの夏』（新潮社）に描かれているように、日本経済の司令塔としての自負を持ち、優秀な官僚も多かったと、よく言われている。彼らのアイデアや行動力があったので戦後の復興が実現し、高度経済成長を迎えた歴史がある。

政権が新しいことをやろうとしたとき、経産省に企画立案させることが多く、そういう役割の役所だった。

したがって、国交省や農水省のように公共事業をするわけではないので、利権のある部門は電力くらいしかない。いわば、唯一の利権である電力の中で、最も多くの金額が動くのが原発だったので、これがなくなると困る人が多いわけだ。

原発の安全規制部門までを経産省が抱えていたのは異常だったので、それを切り離したのは当然なのだが、結果的に、経産省内には原発については推進派しかいなくなった。推進派は省内では誰にも遠慮せずに、再稼働にのめり込んでいる。

再生可能エネルギーという未来のエネルギー事業があるのに、なぜシフトできないのか。かつての経産省は、新しいことを考え、実行する役所だった。未来のない原発にしがみついても、まさに未来はない。

再生可能エネルギーでは農水省の出番が来ると踏んでいる。第2章に書いた、農地の上に太陽光パネルを設置して発電するソーラーシェアリングだ。これが普及すれば、計算上は畑や田圃での太陽光発電だけで、日本が使っているすべての電力を生み出すことができる。

省庁間の競争・対立を煽るわけではないが、経産省が原発にこだわってぐずぐずしている間に、再生可能エネルギー発電の主導権を農水省に持っていかれるだろう。経産省の若手官僚には奮起してほしい。

原発ゼロ基本法と全原発一時国有化・廃炉法案

審議すらされない「原発ゼロ基本法案」

2012年の総選挙で、民主党は政権を失った。以後、私は野党の一議員として国会で活動している。

国会議員の役割にはいろいろある。まず立法府なのだから、法律を作るのが仕事だ。法案には政府が提案する「閣法（内閣提出法律案）」と、議員が提案する「議員立法」とがあるが、圧倒的に多いのが政府提案のものだ。議員立法で成立させるには、与党も賛成しなければ不可能なので、野党が提案する法案が成立する可能性は低いのが現実だ。

変な言い方だが採決で否決されればましなほうで、多くは審議すらされない。

まだ民主党政権だった２０１２年9月7日に「脱原発基本法案」が議員立法で提出されたが、継続審議となり、そのまま何も審議されないままだった。

そこで改めて２０１８年3月に、「原発廃止・エネルギー転換を実現するための改革基本法案」（原発ゼロ基本法案。本書巻末に全文収録）が、当時の野党4党（立憲民主党、自由党、日本共産党、社会民主党）の共同で国会に提出されたが、これも自民党が審議にも応じず、そのままになっている。

内容を要約すると、「再稼働を認めず、すべての原発の運転をすみやかに停止し、廃止」「省エネに努め、２０３０年までに30パーセント以上、電力需要を減らす」「再生可能エネルギーの利用を進め、２０３０年には電力の40パーセント以上に」「原発周辺の経済振興と雇用確保を図る」「原発廃止による電力事業者の損失に適切に対処」という内容で、立地自治体、電力会社への配慮もされている。

これは基本法なので、細かい具体的なことは定めていないが、この法律が成立すれば、原発ゼロを国として決定し内外に宣言することになり、後戻りできなくなるわけである。

だが自民党としては、内容に全面的に反対するわけにもいかないので、審議しないという方針をとっているわけだ。

この基本法のほか、まだ私個人の私案段階だが、「全原発一時国有化・廃炉法案」を考えている。これは後述したい。

原発の一時国有化による全原発廃炉

ここまでお読みいただいた方には、原子力発電所に将来性がないことは明らかであろう。そして原発なしでも電力は足りており、CO_2削減のために原発を稼働する必要がないことも、理解していただいたはずだ。

全国各地で毎週のように地震が起きており、一日も早く危険な原発は廃炉を決めるべきだ。だが、言っているだけでは物事は進まない。

電力会社が廃炉を決定できず、何百億円、何千億円もかけて、テロ対策の施設を作ってまで、原発を再稼働しようとしているのは、経済的な問題が大きい。

経済的に原発に依存してきた立地自治体へのフォローも必要だが、電力会社に対しても、「やめろ」「やめろ」と言うだけでなく、彼らが廃炉にしやすい法的な環境整備が必要だと考えた。

そこで提案したいのが、「原発の一時国有化による全原発廃炉政策」だ。

全原発の廃炉が決まれば、再稼働のための莫大な投資も不要となる。

「原発ゼロ基本法」と、「全原発一時国有化・廃炉法案」を成立させれば、既成事実となっている「原発ゼロ」に法的根拠を持たせ、全原発廃炉も促進されるはずだ。

一日も早く廃炉の具体的作業に入ることが、日本列島から原発事故の心配をなくし、日本経済の活性化、さらには再生可能エネルギーの普及にもつながる。

「国有化」案の背景

１９８０年代の電電公社や国鉄の民営化に始まる、新自由主義的政策により郵政事業も民営化された。「国有化」は、そういう流れに逆行しているが、１９８０年代から現在までに、一時的ではあったが、実質的に国有化された業種がある。銀行だ。

１９９８年、自民党・小渕恵三政権のとき、バブル崩壊で起きた銀行の連鎖倒産の危機に見舞われた。政府が「ブリッジバンク法案」という中途半端な銀行救済法案を出したのに対し、当時私が代表を務めていた民主党は「銀行の一時国有化」を内容とする金融再生法案を提出した。

この民主党案を小渕総理に丸呑みさせ、金融危機を乗り切った。そのときに金融再生法などの政策づくりの中心となったのが、現・立憲民主党代表の枝野幸男氏をはじめ与野党の若手議員で、マスコミは「政策新人類」と呼んだ。

それを思い出し、原発ゼロの実現にもう一度「一時国有化」という手法が有効ではないかと考えたのだ。

立憲民主党はすでに「原発ゼロ基本法案」を策定し、野党4党で国会に提出している。この法案では法施行後2年以内に、すべての原発を廃炉にする具体的な段取りを決める実施法を制定することになっている。

その具体的な取り決め、日本のすべての原発を廃炉にする実施法について「原発の一時国有化による全原発廃炉政策」を考えた。

これにはモデルがある。イギリスが国営電力を民営化した際に、原子力廃止措置機関（NDA）を設立し、古い原発はそこに移して順次廃炉にしたのを知り、民営化と国営化は逆だが、原発を電力会社から会計的に切り離す方法に着目したのだ。

一時国有化するメリット

電力会社にとって原発は会計処理上は資産である。電力を発生させ、その電力を売ることで利益を生み出すからだ。

だが、すべての原発を再稼働させずに順次廃炉にすることを決めると、原発は資産価値がなくなる。さらに廃炉費用が必要となるので債務になる。

これが電力会社の経営陣にとって、原発の廃炉を決断できない理由にもなっている。発生する債務処理の見通しがないまま原発の廃炉を決断すれば、債務超過に陥り、経営責任を問われる可能性があるのだ。そのため、将来性のないことが分かっていても踏み切れない。

そこで全原発を一時国有化し、国の責任で廃炉を進めるのである。こうすれば電力会社の経営上の懸念が軽くなるはずだ。

つまり、原発建設費用の償却・原発廃炉費用などをあらかじめ検証して試算する。廃炉費用もこれまでに各電力会社が積み立てた資金で足りるのか足りないのか、不足するならどの程度なのかを試算する。

電力会社が当初予定した稼働期間よりも、短い期間で廃炉にするため、建設費の償却や廃炉費用について相当の不足分が出る可能性がある。これも数字を出す。

現在、原発を所有する各電力会社は再稼働を実現するため、新規制基準を達成しようと膨大な設備投資を進めている。いったん全原発の廃炉を決めればそうした費用は不要になる。その点からもできるだけ早く具体的な廃炉の段取りを示すことが重要なのだ。

国の責任

原発事業はもともと国の責任で進めてきた国策の側面が強い。したがって、原発からの撤退も国が責任主体にならなければ実現しない。電力会社の判断に委ねていては進まない。

郵 便 は が き

お手数ですが、
切手を
おはりください。

1 5 1 0 0 5 1

東京都渋谷区千駄ヶ谷 4 - 9 - 7

(株) 幻 冬 舎

書籍編集部宛

ご住所 〒

都・道
府・県

フリガナ

お名前

メール

インターネットでも回答を受け付けております
https://www.gentosha.co.jp/e/

裏面のご感想を広告等、書籍の PR に使わせていただく場合がございます。

幻冬舎より、著者に関する新しいお知らせ・小社および関連会社、広告主からのご案内を送付することがあります。不要の場合は右の欄にレ印をご記入ください。

不要 □

本書をお買い上げいただき、誠にありがとうございました。
質問にお答えいただけたら幸いです。

◎ご購入いただいた本のタイトルをご記入ください。

『　　　　　　　　　　　　　　　　　　　　　　　　　　』

★著者へのメッセージ、または本書のご感想をお書きください。

●本書をお求めになった動機は？

①著者が好きだから　②タイトルにひかれて　③テーマにひかれて
④カバーにひかれて　⑤帯のコピーにひかれて　⑥新聞で見て
⑦インターネットで知って　⑧売れてるから／話題だから
⑨役に立ちそうだから

生年月日	西暦　　　年　　月　　日（　　歳）男・女			
ご職業	①学生	②教員・研究職	③公務員	④農林漁業
	⑤専門・技術職	⑥自由業	⑦自営業	⑧会社役員
	⑨会社員	⑩専業主夫・主婦	⑪パート・アルバイト	
	⑫無職	⑬その他（　　　　　　）		

ご記入いただきました個人情報については、許可なく他の目的で使用することはありません。ご協力ありがとうございました。

国民に資金の不足がどのくらいになるのか詳細を明らかにし、その上で、電力会社の自主努力では不足する場合は、国の責任で廃炉費用の不足分を補うことも考える必要が出てくる。各電力会社が全国に所有する膨大な送電網を売却して、それを廃炉費用に充てることを検討すべきだ。

２０２０年の発送電分離は、従来の地域独占の９電力会社の持つ送電部門を子会社化するだけの、中途半端な「法的分離」だった。これでは９電力会社が送電についての実権を握り続け、再エネ発電業者など新電力会社の新規参入が阻害され自由に事業を拡大できない。実際に託送《たくそう》料金問題が発生している。

そこでドイツやスペインなどですでに行なわれているように、現在の電力会社とはまったく別会社として、全国的に送電を担う新たな送電会社を設立し、従来の電力会社各社が所有している送電網を、この新たな送電会社へ売却する「所有権分離」を実施する。新送電会社は発電事業をしないので、再エネ発電中心の新電力会社と従来の電力会社を公平に扱うことが担保される。これは再エネの普及につながり、電力自由化の理念にも合致する。

東電や関電など従来の電力会社が現在所有する送電網には膨大な資産価値がある。発送電分離に伴って、全国の送電網を新送電会社に売却し、それで得た売却資金を原発廃炉に伴う、電力会社の資金の不足分に充当することが可能となる。

電力会社には自主努力を精一杯した上で、それでも不足する場合には十分な国民的議論の上で、国民の理解を得て国による財政措置が必要になるだろう。

原発廃炉推進機構

原発を国有化し廃炉にしていくとなると、その実務を担う組織が必要だ。

仮称として「原発廃炉推進機構」という新組織を作る。ここに9電力会社がすべての原発を事業譲渡する。まったく新しい組織を作ってもいいが、原子力発電専業会社「原電」（日本原子力発電株式会社）を改組してもいいのではないか。原電は電力9社が80パーセント、電源開発が20パーセントの割合で出資して、１９５７年に設立された、日本で最初の原発を建設した会社だ。東海第二原発と敦賀原発を持つ卸電気事業者でもある。

廃炉については、すでに「原子力損害賠償・廃炉等支援機構」があるが、ここは事故を起こした福島第一原発の廃炉を担当しており、事故炉の廃炉は通常の原発の廃炉とはまったく性質が異なるので、別の組織が担ったほうがいい。

原発の廃炉への行程

ドイツなど海外では、稼働しないと決まった原発の廃炉作業が始まっており、２０１４年に視察に行った。

原発には放射性物質が外部に漏れないようにするために、「五つの壁」がある。

いちばん外側が、「建屋」と呼ばれるもので、外から見える建物のことだ。その中に、「原子炉格納容器」があり、さらにその中に「原子炉圧力容器」がある。その圧力容器の中に燃料棒と呼ばれるものがあり、「燃料被覆管」に「燃料ペレット」が封入されたものをいう。燃料ペレットは1センチほどの円柱状で、核燃料をセラミックに焼き固めたものだ。これが第一の壁で、第二の壁が燃料被覆管、第三の壁が圧力容器、第四の壁が格納容器、第五の壁が建屋ということだ。五重構造で放射性物質が外部に漏洩しないようになっている。

一般の建造物でも、壊すときは、中に入っているものを取り出し、最後に外壁にあたる部分を分解するか爆破して壊す。原発も手順としては同じで、廃炉にする場合、まず燃料棒を取り出す。燃料棒は、普段も取り替えているので、簡単に取り出せるようになっている。

次に炉心の入れ物である圧力容器を取り出す。これは厚さ20センチほどの鋼鉄製で、円筒状のものだ。高温高圧に耐え、非常に頑丈だ。放射性物質を外部に出さない構造なのだが、その内部は汚染されている。だから、そのまま外に取り出すのではなく、その場で分解して、小さくする。それを放射能を通さない容器に入れた上で取り出すという手順だ。

圧力容器を細かくするには、格納容器に水を入れて、水没させた状態で、巨大なマジック

原子力発電所の廃止措置プロセス

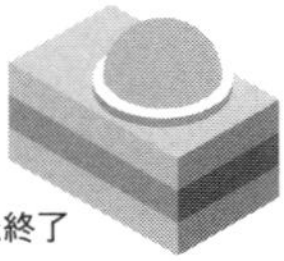

運転終了

●廃止措置の標準工程(注):沸騰水型原子炉(BWR)の例

1 使用済燃料の搬出

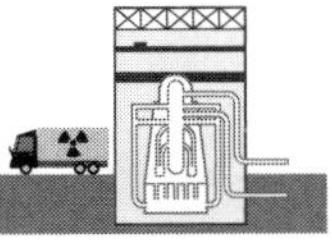

使用済燃料や未使用の燃料等を、再処理工場や貯蔵施設等に搬出。搬出先において、使用済燃料等は適切に管理・処理。

2 系統除染「洗う」

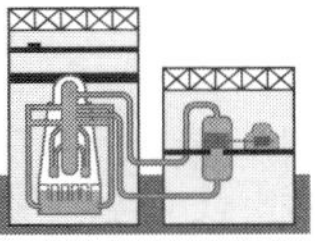

後の解体撤去作業等を行いやすくするために、施設の配管・容器内に残存する放射性物質を、化学薬品等を使って可能な限り除去。

3 安全貯蔵「待つ」

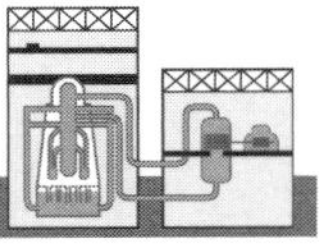

適切な管理のもと施設を必要に応じた期間、安全に貯蔵し、放射能の減衰を待ち、後の解体撤去作業等を行いやすくする。

4 解体撤去(1)「解体する(内部)」

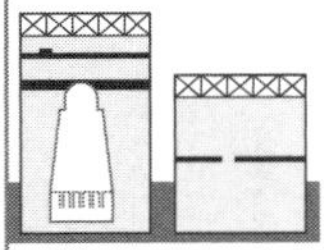

放射性物質を外部に飛散させないように、まず建屋内部の配管・容器等を解体撤去。その後、建屋内の床や壁面等の放射性物質の除去作業を行う。

5 解体撤去(2)「解体する(建屋)」

建屋内の放射性物質を目標どおり除去したことを確認したうえで、その後は通常のビル等と同様に建屋の解体作業を行う。

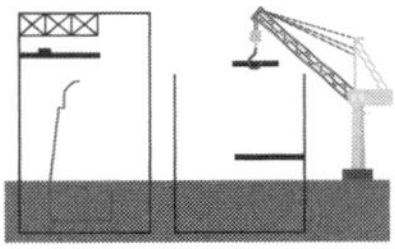

廃棄物は、放射能のレベルにより区分し、それぞれ適切に処理・処分。

(注)具体的な方法については、状況に応じて事業者が決定し、原子力規制委員会が安全性を確認

跡地利用

跡地は、法的な手続きを経て、安全性が確認されれば、さまざまな用途に活用できる。
また現在一つの案として、地域社会との協調を図りながら、引き続き原子力発電用地として有効に利用することも考えられている。

出典:原子力総合パンフレット 日本原子力文化財団

ハンドのようなものを使う。これを冠水式という。

そういう形で圧力容器も取り出したところで、格納容器を、これも分解して取り出して、最後に建屋も分解するというか、壊せば、更地になる。基本的にはそういう段取りで行なう。そのため、時間はかかる。規模にもよるが、1年や2年では終わらず、10年単位のプロジェクトになる。

事故を起こしていない原発の廃炉も、決めたからといってすぐにはできないし、取り出した燃料棒、細かくした圧力容器の入った容器をどこでどう管理するのかという問題も生じる。これも放射性廃棄物となるからだ。

福島第一原発とチェルノブイリ

福島第一原発の廃炉は、まったく性格が異なる。

1号機、2号機、3号機は、事故の際に燃料が溶けて圧力容器を突き抜けて、格納容器の底まで届いていると思われる。この溶けた核燃料のことを「燃料デブリ」と呼ぶ。事故の際に圧力容器も損傷しているので、その金属製の部品なども混ざっているはずで、存在は分かっているが、どういう状況なのかも、まだ完全には把握されていない。

一般の原発の廃炉では、燃料を取り出し、圧力容器を分解し……という手順だが、福島の

福島第一原発廃炉の
中長期ロードマップの目標(マイルストーン)

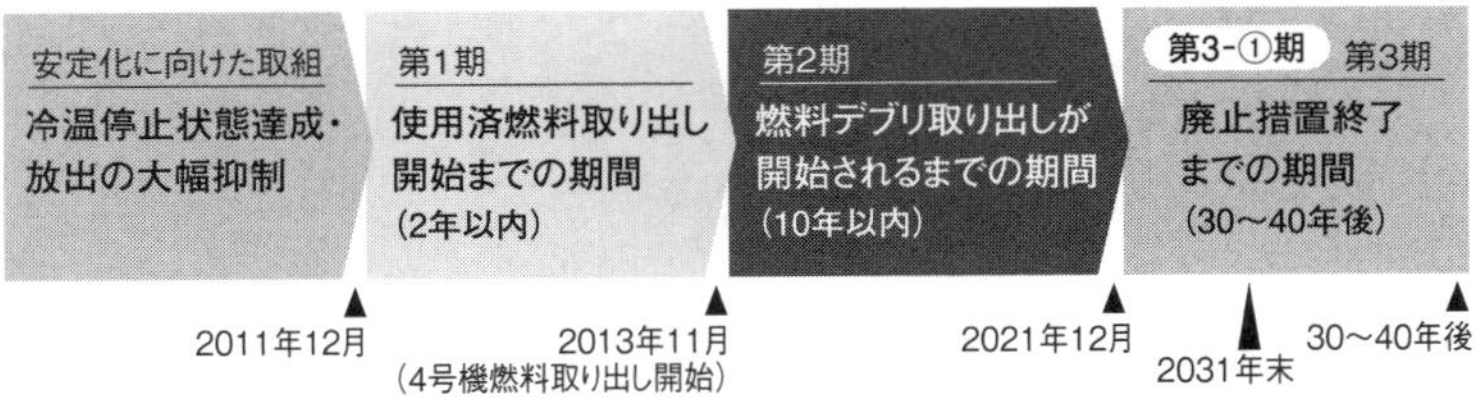

出典:東京電力ホールディングスHP　https://www.tepco.co.jp/decommission/project/roadmap/

3基もデブリを取り出すことから始める計画だ。

デブリはきわめて放射能が強いために、それを取り出して放射能が漏れない容器に入れるのは非常に困難だ。東電は廃炉作業に30年から40年かかると試算しているが、可能なのだろうか。

たとえ、取り出すことができ、放射能が漏れない容器に入れることができたとして、どこへ持っていくのか。

福島第一原発の敷地外にデブリを出すことは、見通しとして、まったく立っていない。そこを更地にすることは、きわめて困難だと、認めなければならない。

原子炉の型も、事故の性質も異なるが、原発の大事故としてよく引き合いに出されるのが、旧ソ連のチェルノブイリ原発事故だ。１９８６年なので、もう35年になる。

チェルノブイリは完全に爆発したので、その瞬間にものすごい量の放射性物質が出た。その後も放射性物質を出し続けるので、当時のソ連政府は軍隊を使って、原子炉をコンクリートで固める方法で封じ込めた。「石棺《せきかん》」と呼ばれている。

だが、「石棺」はコンクリートなので、20年、30年が経過すると傷みだした。このままでは外部に放射能が漏れるというので、「石棺」の上に金属製のドームを被せることにした。視察に行ったが、ドームを別のところで作り、それをレールに載せて運び、被せるという方法だった。これで少なくとも１００年は外に放射能が漏れることはないと言っていた。

しかし、１００年後に放射能がなくなっているわけではない。放射性物質は何種類もあり、それぞれ半減期が異なるので、１００年の間になくなっているものもあるかもしれないが、プルトニウムは半減期、つまり、放射性物質が半分になるのに2万４０００年かかる。

チェルノブイリでは応急処置で「石棺」を作って、その場は抑えたが、それがもたないと分かり、ドームを作った。そのドームも１００年は大丈夫だろうというだけで、いわば延命処置でしかない。金属も腐食するので、１００年後にはさらに外側を覆わなければならないかもしれない。

その１００年後にどうするのか、私の知る限り、まだ決まっていないと思う。

原発事故というのは、このように、後処理に何百年、場合によっては何万年もかかるのだ。そこが、化学工場の火災とは根本的に異なる。地震や津波、台風、極端に言えば巨大な隕石の落下という天変地異も、起きたときが「最悪」で、だんだんに回復できるが、原発事故はそうはいかないのだ。

「事故が怖くてゼロにするなら、飛行機も自動車も鉄道だって危険だ」という理屈で原発存続を主張する人がいるが、最悪の飛行機事故であるアメリカの9・11にしても、そのときは甚大な被害でも、何百年も後始末にかかるわけではない。原発事故のリスクが桁違いに大きいのは、チェルノブイリの例でも明らかだ。

「原子力損害賠償・廃炉等支援機構」

福島第一原発に話を戻すと、廃炉を担うのは、東電ではなく、「原子力損害賠償・廃炉等支援機構」という新たな組織だ。これは事故の起きた２０１１年の9月12日に設立されたもので、当初は「原子力損害賠償支援機構」という名称だった。

私が総理在任中に準備させていたもので、事故の損害賠償を担うために作ったものだ。原子力損害賠償支援機構法という法律を制定し、それに基づいた組織で、資本金は政府出資が70億円、電力会社など原子力事業者12社が70億円を出した。目的は「大規模な原子力損害が発生した場合において、原子力事業者の損害賠償のために必要な資金の交付等の業務を行うことにより、原子力損害賠償の迅速かつ適切な実施及び電気の安定供給等の確保を図ること」となっている。

原子力損害賠償・廃炉等支援機構による
賠償支援の概要

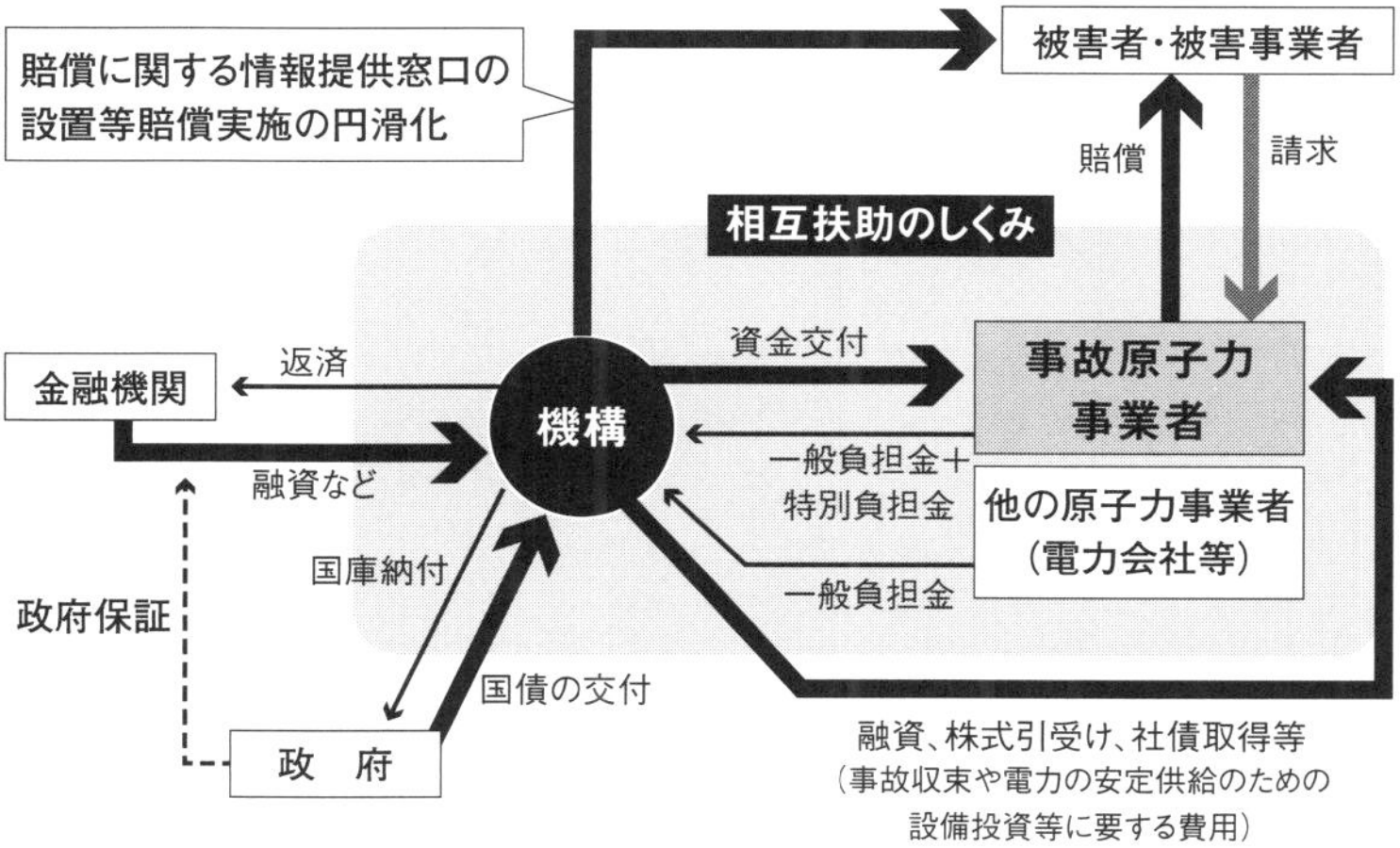

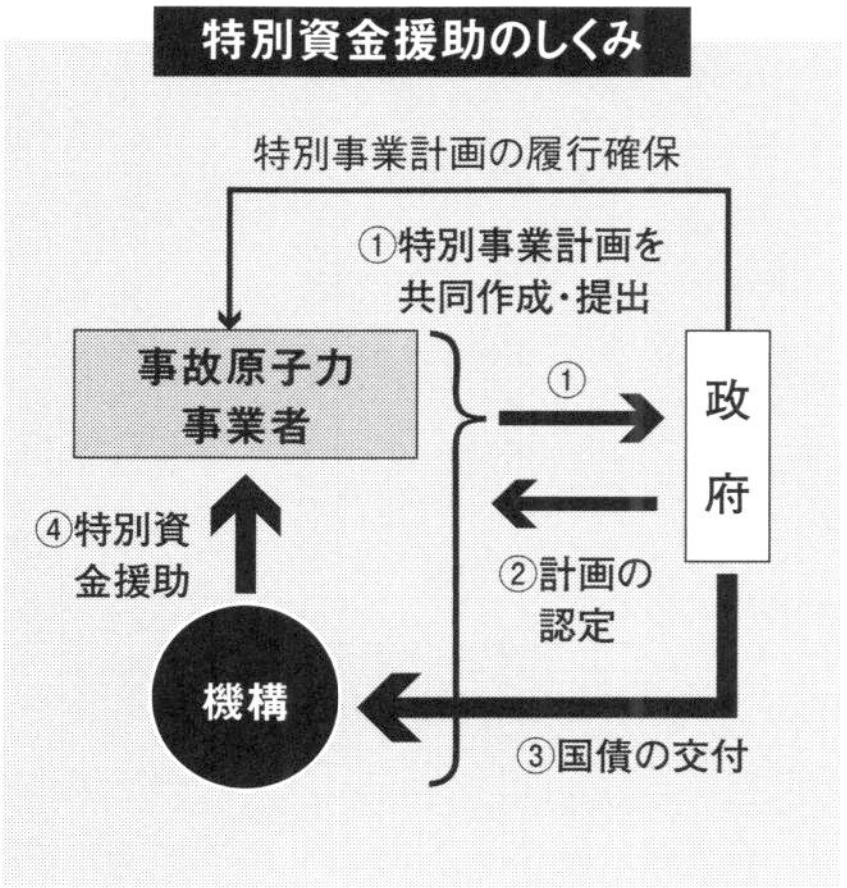

〈特別事業計画への記載事項〉

1. 原子力損害の状況
2. 賠償額の見通し・賠償実施の方策
3. 中期的な事業収支計画を記載した書類
4. 経営合理化方策
5. 関係者に対する協力要請の方策
6. 資産・収支状況の評価
7. 経営責任明確化の方策
8. 資金援助の内容・額　など

※機構は、特別事業計画を作成する際、事故原子力事業者の資産評価と経営の徹底した見直しを行うとともに、関係者への協力要請が適切かつ十分なものであるかを確認。

出典：原子力総合パンフレット 日本原子力文化財団

福島第一原発の被害があまりに甚大なため、東電一社では賠償責任を負えないと判断して作ったものだ。これについては東電救済ではないかとの批判もあった。極論としては東電を倒産させろという声もあったと記憶している。たしかに感情論としては理解できるが、東電が倒産してしまったら、債務が棚上げされるので、被害にあった人、避難している人に賠償する主体がなくなってしまう。そこで、こういう機構を作った。

事故が起きたのが3月で、私が辞任したのは9月だった。その時点では、福島第一原発がもう使えないことは分かっていたが、東電はまだ廃炉の決定はしていない。1号機から4号機の廃炉が決定したのは事故から1年が過ぎた２０１２年4月19日で、その時点では損傷のない5号機と6号機は再稼働するつもりでいたが、２０１４年1月31日に廃炉が決まった。

私の在任中は、事故を収束させることに精一杯で、廃炉の具体的な計画までは立てられなかった。一方、被害にあった方、避難している方たちへの賠償は急務だったので、原子力損害賠償支援機構を作ることにした。

この機構が、安倍政権になってからの２０１４年8月に、法律が改正され「原子力損害賠償・廃炉等支援機構」と改組され、「廃炉等の適正かつ着実な実施の確保を図ることを目的に加え、新たに廃炉等を実施するために必要な技術に関する研究及び開発、助言、指導及び勧告の業務も行《おこな》うこと」になった。

事故の後始末という点では共通するが、賠償と廃炉という、まったく異質のことを担っている。いつの間にか、この機構には8兆円もの税金が投入されている。事故が起きると、原発がいかに高くつくか、これだけでも分かる。原発はコストが安いというのはフェイクでしかない。

福島第一原発の２０１１年と２０２０年

以下、２０２０年11月現在、福島第一原発がどういう状況にあるか、東電の発表をもとに記そう。1号機は２０１１年3月12日に水素爆発を起こし建屋が吹っ飛んだ。最上階にある燃料プールには使用済み核燃料が３９２体、残っている。これもまだ取り出せていない。放射線量が高く近づけないのと、瓦礫が多く、作業が困難なためだ。東電によると「飛散防止を徹底しながら建屋内のガレキ撤去を実施中」という状況だ。さらに建物全体を覆うカバーの設置工事がなされている。

2号機では水素爆発は起きなかった。隣の1号機の爆発で、建屋の一部が破損し、水素が内部に溜まらなかったからだ。しかし、3月15日に何らかの理由で格納容器が損傷した。私はこれを「神の御加護《ごかご》」と言っている。「奇跡」と呼んでいる人もいる。損傷し、放射性物質が大量に外部に出たのに、なぜ「御加護」「奇跡」なのかというと、その損傷の仕方が、

東京電力 福島第一原発（福島県双葉郡大熊町・双葉町）。右から1、2、3、4号機。4号機側に処理水タンクが並ぶ　写真：共同通信社

爆発して粉々になるようなものではなく、格納容器のどこかに亀裂が入ったか穴があいたおかげで、そこから空気が抜け出て、爆発を免れたからだ。いわば、紙風船のどこかに穴があいて、内部の空気が外へ出たような状況だった。もし、あのまま内部の圧力が上がり続けたら、ゴム風船が破裂するように格納容器が大爆発して大きく破壊していた可能性が高い。もしそうなっていたら、東京を含めた首都圏も避難対象区域になっていたかもしれないのだ。

爆発はしなかったが、2号機も放射線量は高い。最上階の燃料プールには615体の核燃料が残っており、取り出せていない。当初の計画では建屋上部を解体して、取り出すはずだったが、建屋の南側に「燃料取

り出し用構台（構台・前室）」というものを建設して建屋へアクセスし、核燃料を搬出する工法に変更されている。

デブリの調査は2号機が最も進んでいる。格納容器の底にデブリとみられる堆積物があるのが確認され、２０１９年2月には遠隔操作のロボットで摑み、動かすことにも成功した。２０２２年から取り出す計画になっているが、私にはきわめて困難だと思える。

３号機も水素爆発し、建屋の最上階が吹っ飛んだ。その最上階の瓦礫の撤去が終わり、２０１９年４月に燃料プールからの使用済み核燃料の取り出しが始まった。ここには５６６体の核燃料があり、２０２０年度中にはすべて取り出し、「共用プール」へ移送される予定だ。11月現在で４３４体まで取り出したというので、多分、計画通りにいくだろう。

一方、３号機は格納容器内部の水位が高く、デブリの取り出しにあたり、水位を下げるにはどうするか、その方法がまだ検討中だ。

４号機は、地震当日は定期検査中だったので、運転していなかった。核燃料は原子炉から取り出され、燃料プールに移されていたので、他の3基のようなメルトダウンはしなかった。だが、３号機からの配管を通じて水素が流れ込み、３月15日に建屋が水素爆発し、壁や天井が破損した。燃料プールの水がなくなったら冷却できず、高温になる。水があるのかどうかが分からず、なかったらプール内の燃料が溶けて高濃度の放射性物質が外へ出る可能性が高

1～4号機の状況（2020年11月26日時点）

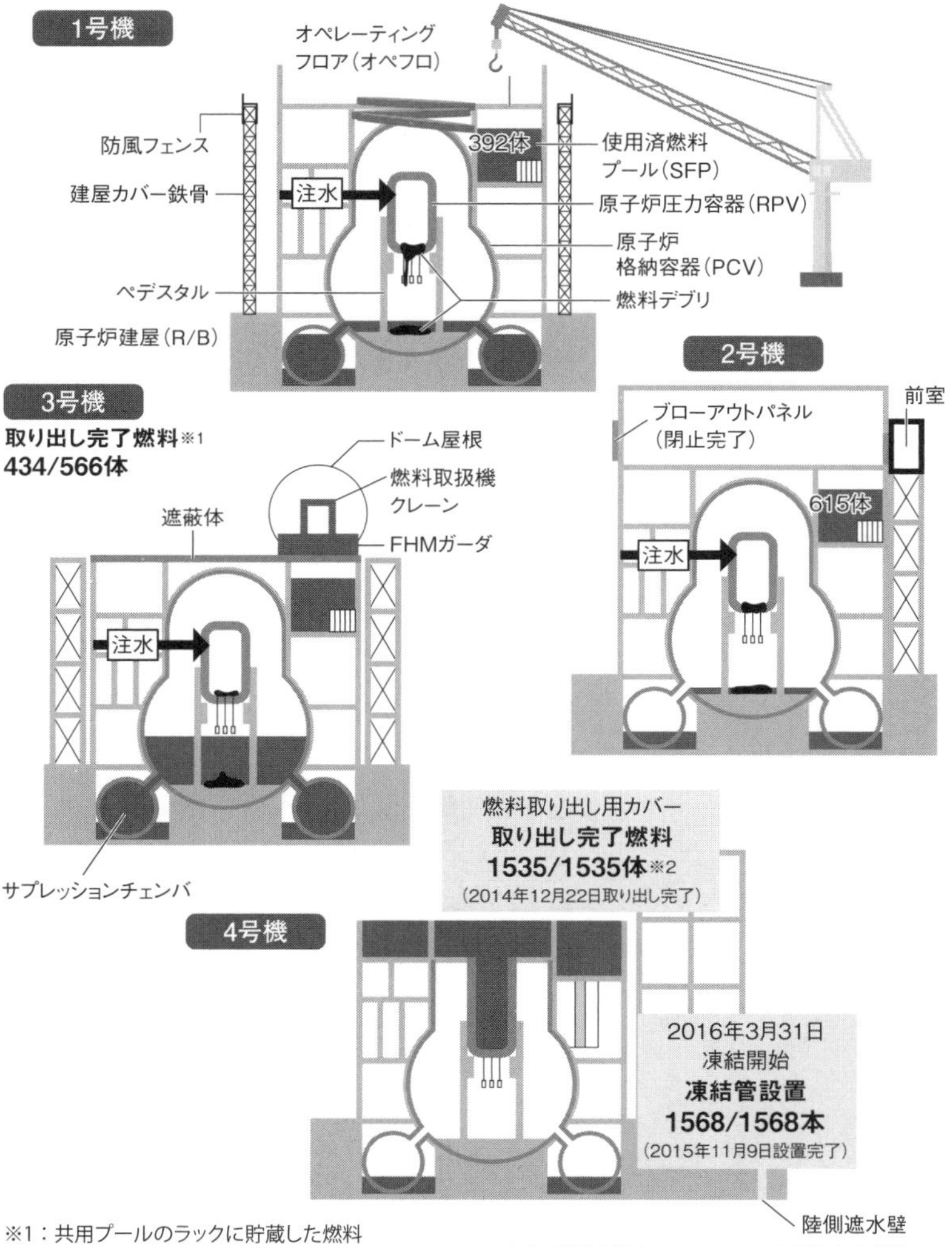

※1：共用プールのラックに貯蔵した燃料

※2：2012年に先行して取り出した新燃料2体を含む

出典：原子力総合パンフレット 日本原子力文化財団

く、かなり緊張した。これも神の御加護なのだが、水はなくなっておらず、日本は助かった。
４号機のプールには核燃料が１５３５体あったが、２０１３年11月から搬出を始め、２０１４年12月までにすべてを取り出し終えている。

このように、それぞれ異なる状況だが、１号機、２号機、３号機のデブリが最後まで難題として残る。

格納容器の下のほうに溶け落ちた核燃料、いわゆる「デブリ」がどうなっているのか、ロボットを使った調査も重点的に行なわれている。この調査も、最初はカメラを付けたロボットを内部に入れて、どこにあるかを調べる計画だったが、放射能が強く、ロボットの半導体が劣化し、すぐに使えなくなり、思ったようにはいっていない。

そこで、宇宙線の透過する性質を利用することになった。デブリは宇宙線が透過しにくい。宇宙線を当て、透過しにくいところがあれば、そこにデブリがあり、その大きさや形状も分かるという方法だ。

このように、取り出すべきデブリの状況を把握することも、まだ完全にはできていない。デブリの状況が分かったとしても、取り出す方法は確立されていない。取り出したところで、保管場所の問題がある。どこへ運ぶのか。日本の中に、「どうぞ、うちへ持ってきてください」という市町村があるだろうか。

私の見るところ、福島第一原発を廃炉にして、更地にするのは、少なくとも１００年以内には不可能だ。

福島の方には申し訳ないが、現実的に考えれば、チェルノブイリのようにあの場所で封じ込めるしかないと思う。状況を把握するのと取り出す技術が確立されるのに、おそらく数十年はかかるだろうから、その間に格納容器も建屋も経年劣化していく。その補修というか改築も必要となる。それならば、いま、ある場所で、デブリそのものも格納容器内で、放射能が外へ漏れないよう管理していくしかない。その場合は、格納容器を補強し、建屋をチェルノブイリのように大きなドームで覆う必要があるかもしれない。

これは、多分、福島の人たちも漠然とは分かっていると思う。しかし、感情論としては、そんなことは容認できない。早くデブリを取り出してどこかへ持っていき、建屋も壊して更地にしてほしいという気持ちだと思う。

その思いを理解すると、「なんとかします。何年かかるかは分かりませんが、必ず更地にします」となり、それは善意かもしれないが、先送りでしかない。

地元の感情と、客観的で技術的な見通しとの整合性がとれればいいが、原発に関する問題では、そうなるのは難しい。矛盾が大きくなる。放射性廃棄物の最終処分地問題も同じで、いまだ目処が立っていない。

使用済み核燃料と原発の廃炉

トイレのないマンション

すべての原発の運転が停止し、廃炉工事が終わったとしても、使用済み核燃料の問題は残る。

これは日本だけの問題ではなく、どの国も解決できていない問題だ。

原発が実用化された時点から、「トイレのないマンション」と言われてきた。そんなマンションを作っても売れないが、原発については、それが容認されてきた。ひとつには、逆説的だが使用済み核燃料が「危険ではない」からでもある。

普通のごみを放置しておけば、臭うし衛生上の問題もあり、どうにかしろと大騒ぎになる。だが使用済み核燃料は、きちんと管理すれば、とりあえず害はない。トイレのないマンション状態でも、半世紀にわたって、そのことでの事件・事故は起きていない。

ただ、完全に無害化するまでに何万年もかかるという、最大の難問を抱えている。

原子力発電の仕組み

原子力は「明るい未来のエネルギー」と呼ばれていた。たしかに、原子力はとてつもないパワーを持つ。だが原子力発電所のシステムは、未来的ではない。

3・11で原発の仕組みについても広く知られるようになった。

まず、「原子力発電」と言っているが、核分裂そのもので「電気」が生まれるわけではない。原発は核分裂で生まれた熱を利用して水を沸騰させて、その蒸気でタービンを回して発電している。つまり、巨大な湯沸かし器と思えばよい。ガスや石油を燃やす代わりにウランを核分裂させている。

単純に言うと、核分裂で生じる熱をコントロールしないで爆発させるのが原爆で、制御棒でコントロールするのが原発だ。

一方、太陽光発電は太陽光そのものから電気を起こしている。太陽からの「光エネルギー」が「太陽電池」に当たると、「光起電力効果」「光電効果」と呼ばれる現象が起きる。「太陽電池」は半導体で構成されており、光が当たると半導体の電子が動いて電気が起きる。

沸騰水型炉（BWR）原子力発電

核分裂によって発生した熱エネルギーを使って蒸気をつくり、蒸気の力で発電用のタービンを回して電気をつくる。

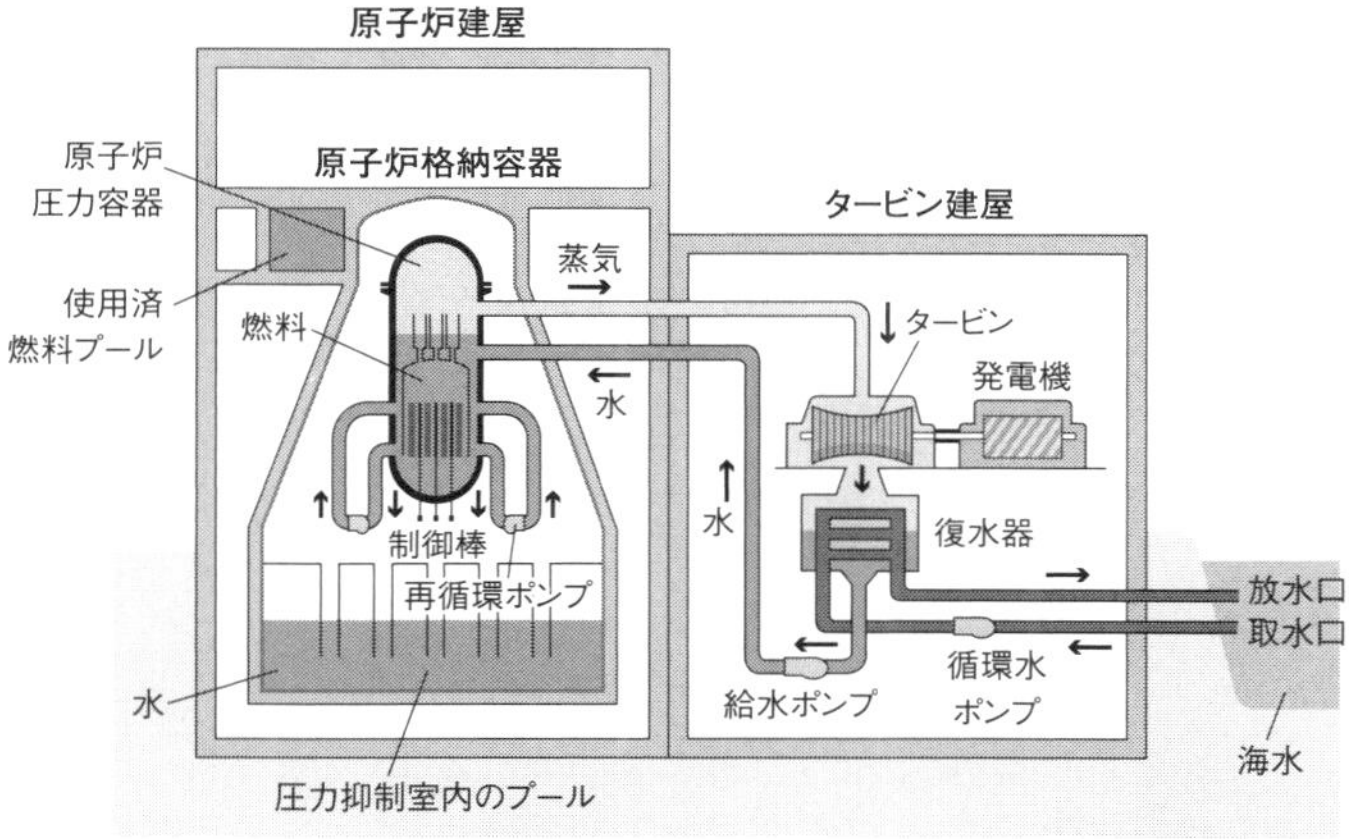

加圧水型炉（PWR）原子力発電

原子炉の中でつくった高温高圧の水を蒸気発生器に送り、原子炉内の水とは別の水を沸騰させて蒸気をつくり、蒸気の力で発電用のタービンを回して電気をつくる。

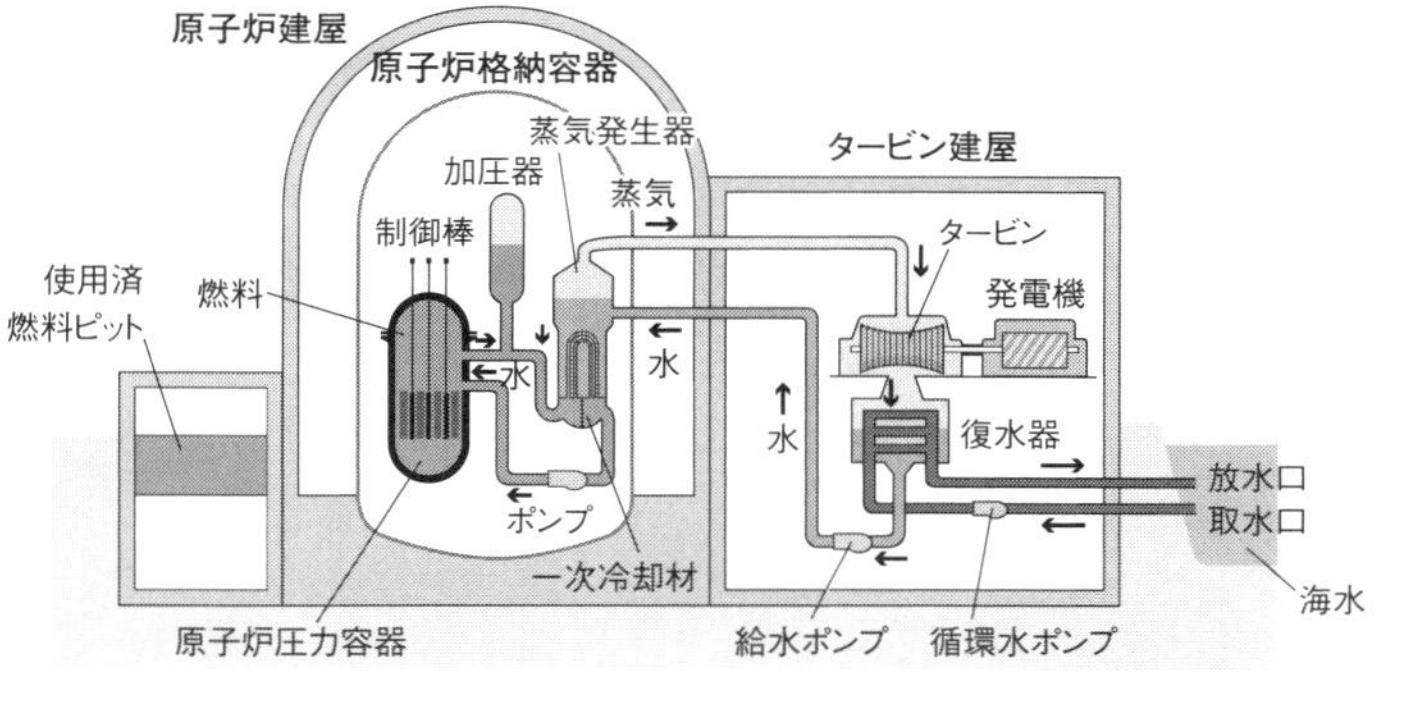

出典：原子力総合パンフレット 日本原子力文化財団

こういう仕組みだ。効率はいいし、放射性物質も出ない。原料である太陽光は輸入する必要もないし、どこかから仕入れる必要もないので、燃料コストはゼロだ。

火力発電に必要な石油は輸入に頼っている。それを理由にして、資源のない日本は原発の比重を高めるしかないと言う人もいるが、原発の燃料のウランも輸入に頼っている。一時期、岡山県と鳥取県との境にある人形峠や、岐阜県土岐市にウラン鉱石があると期待されたが、資源量が少なく鉱山として開発されなかった。原発のためのウランはすべてオーストラリアなど、外国からの輸入だ。

ウラン鉱石には、核分裂しやすいウラン２３５が約０・７パーセント、核分裂しにくいウラン２３８が残りの約99・３パーセント含まれている。原発で使うのは２３５のほうだ。

ウラン２３５の原子核に中性子を当てると核分裂する。核分裂すると、中性子を放出し、同時に熱エネルギーが発生し、その熱エネルギーで水を沸かして蒸気にする。ウラン２３８はほとんど核分裂せず、中性子を吸収してプルトニウム２３９に変わる。

ウラン鉱石のウラン２３５の濃度を高めるために、製錬→転換→濃縮→再転換→成型加工といった工程を経て、「燃料集合体」に加工する。これを原子炉の中に入れて核分裂させて発熱させるのである。

その燃料は3年ほど使用した後に取り出される。これが「使用済み核燃料」で、分裂しなかったウラン２３５やウラン２３８、新たに発生したプルトニウム２３９が合わせて含まれている。

最終処分地問題

使用済み核燃料には放射性物質が含まれている。というよりも、放射性物質の塊《かたまり》だ。

放射性廃棄物は、放射能の含有量により、高レベル放射性廃棄物と低レベル放射性廃棄物に分けられる。超ウラン核種を含む高レベルのものは、１００万年に及ぶ管理が必要とされ、人類のこれまでの歴史よりも長い。

そのうち技術が開発されるだろうという甘い見通しで、日本のみならず各国とも原発を始めてしまった。

しかし、半世紀以上が過ぎているが、解決できていない。

日本では、高レベル放射性廃棄物の再処理については、電力会社では手に負えないので、政府が大型プロジェクトを立ち上げてきた。

青森県六ヶ所村の核燃料サイクル施設をはじめ、ＭＯＸ（混合酸化物）燃料計画、余剰プルトニウムを燃料として使用するプルサーマル計画、高速増殖炉「もんじゅ」などで、いずれも計画通りいかなかった。

原発廃止措置に伴って発生する廃棄物の量と種類

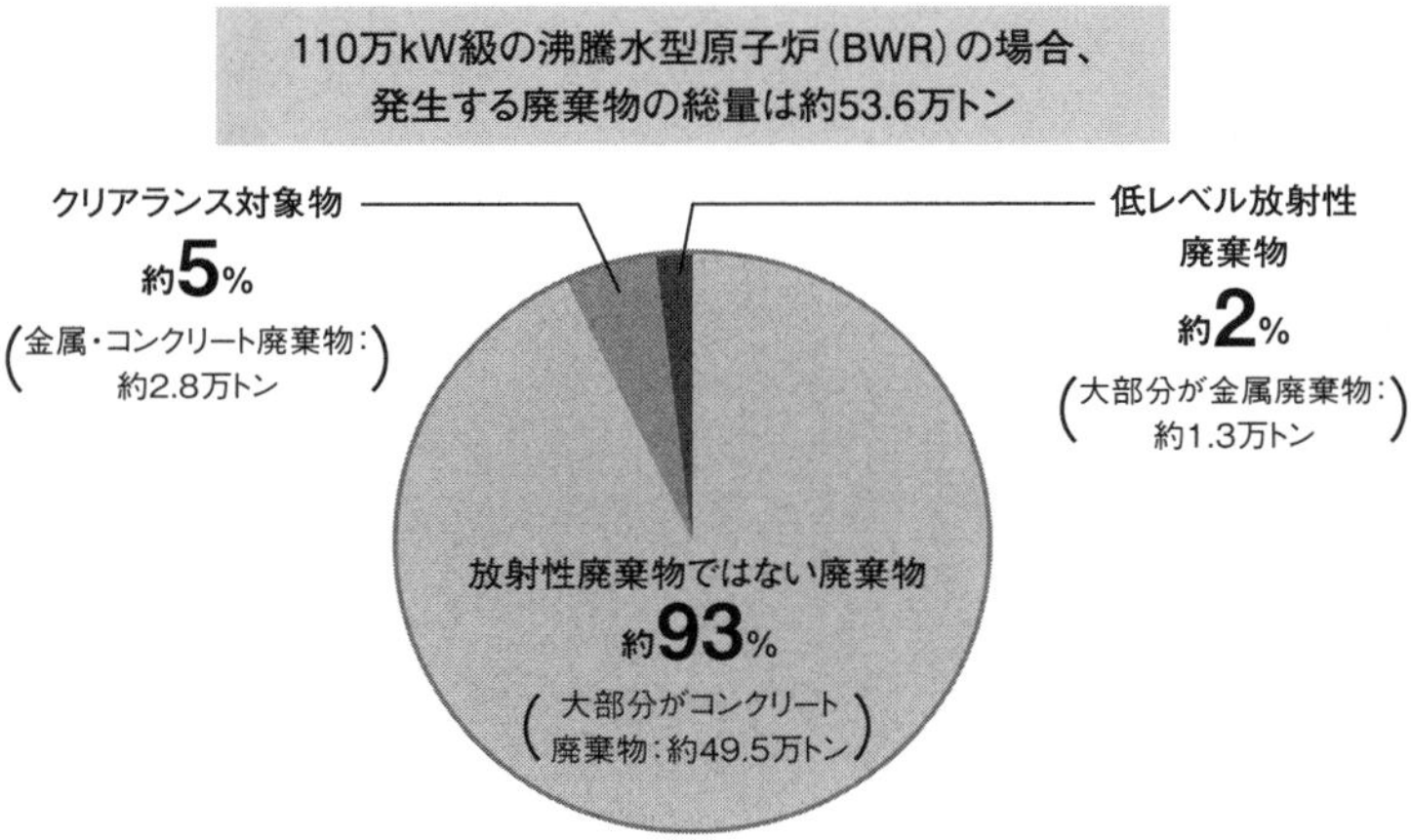

出典：原子力総合パンフレット 日本原子力文化財団

「もんじゅ」はＭＯＸ燃料を使用し、消費した量以上の燃料を生み出す「夢の原子炉」とされ、１９６０年代からプロジェクトが始まっていた。

91年に試運転が始まったが、トラブルが続き、動かないままだった。原子力規制委員会が、日本原子力研究開発機構の組織体質を問題視し、文科大臣に運営主体を代えるよう勧告したのが決め手となり、２０１６年12月に廃炉が決まった。それまでに約１兆円が投じられた。

原発そのものも破綻しているが、その周辺のプロジェクトも、残念ながら破綻している。しかし、それも認めようとしていない。

放射性廃棄物の種類と処分の概要

放射能レベルに応じた深度や障壁（バリア）を選び、トレンチ・ピット処分、
中深度処分、地層処分が行われる。

発生源	放射性廃棄物の種類		
原子力発電所	低レベル放射性廃棄物	発電所廃棄物	放射能レベルの**極めて低い**廃棄物
			放射能レベルの**比較的低い**廃棄物
			放射能レベルの**比較的高い**廃棄物
ウラン濃縮・燃料加工施設		ウラン廃棄物	
MOX燃料加工施設		超ウラン核種を含む放射性廃棄物（TRU廃棄物）	
再処理施設			
	高レベル放射性廃棄物		

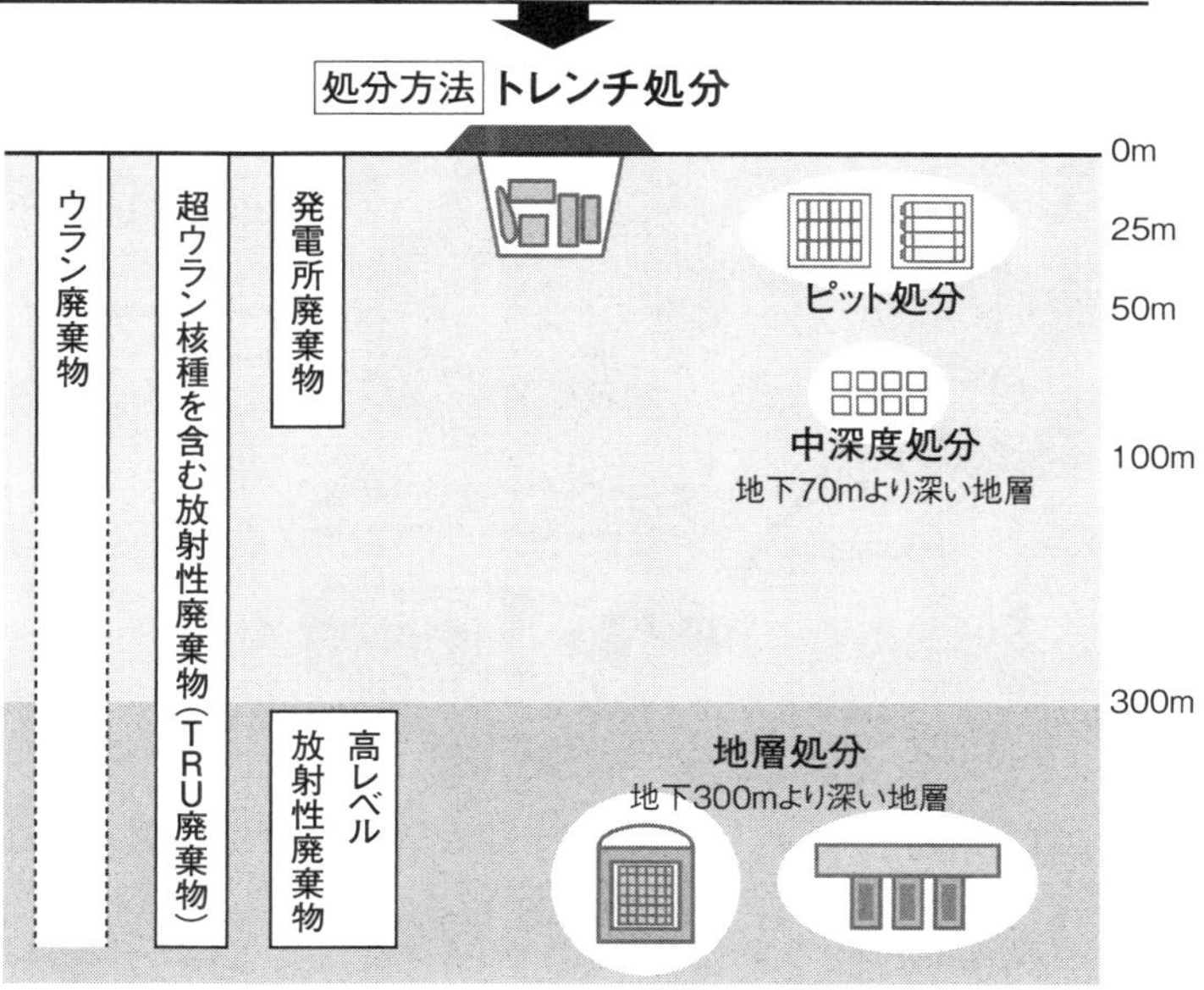

出典：原子力総合パンフレット 日本原子力文化財団

核燃料サイクル

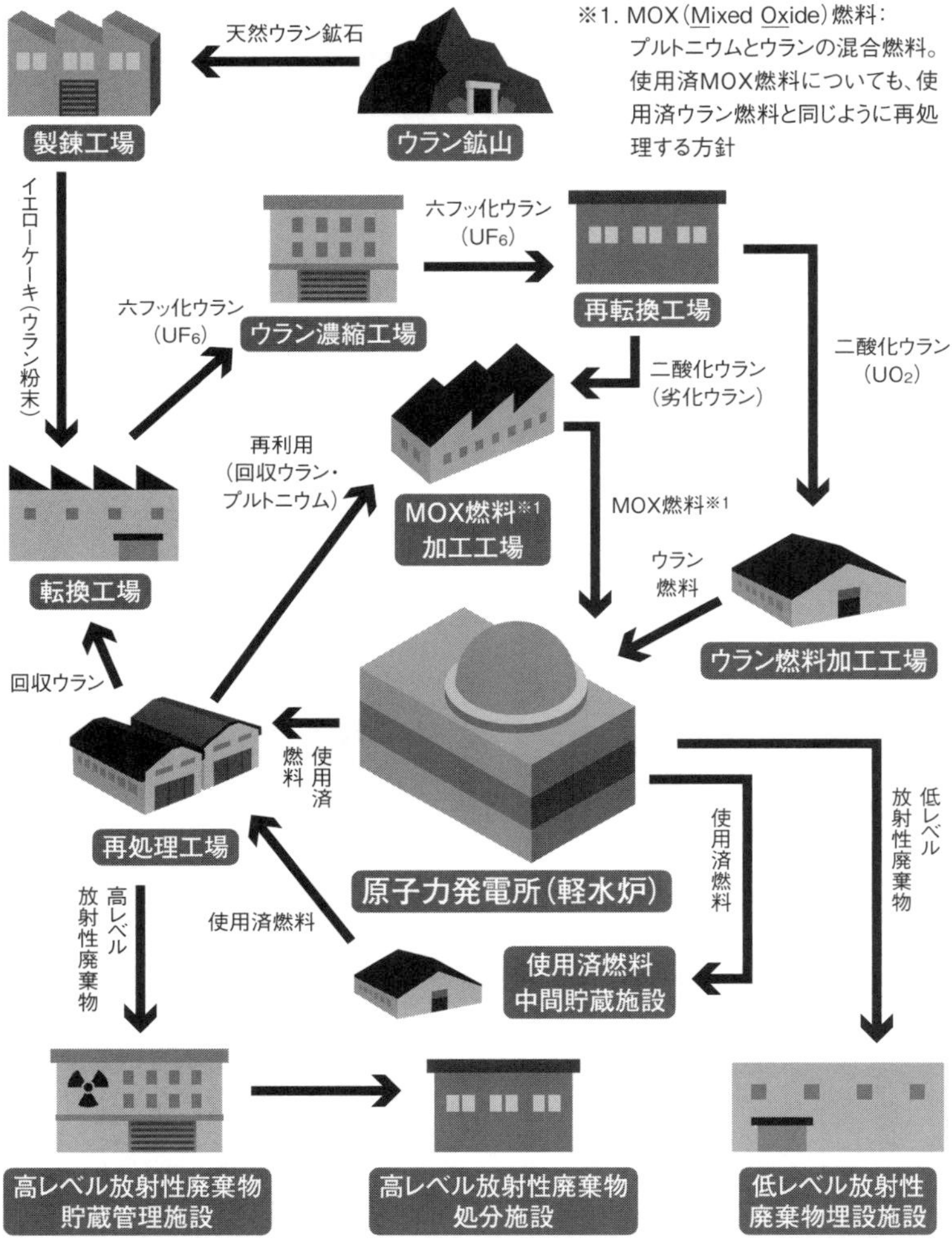

出典：原子力総合パンフレット 日本原子力文化財団

使用済み核燃料は原子炉の中にある間はまだ熱を出しているので危険だが、取り出してプールに入れて冷やした後は、それほど危険ではない。極端に言えば、野積みにしておいてもいい。

管理さえしておけば大丈夫なのだ。それが、今まで真剣に最終処分地を考えようとしてこなかった理由でもある。

各原発にある貯蔵プールの容量は全国で２万１４００トンだが、その75パーセントがすでに埋まっている。

経産省が考えているのが、使用済み核燃料を埋設する「地層処分」だ。廃棄物をガラス固化体にして、半永久的に埋設する計画で、その処分場は地下３００メートル以上の深い地層に建設する。

これもどこでもいいとはいかず、火山に近い、活断層に近い、地熱が高い、酸性の地下水がある、地盤が軟弱、地下に鉱物資源がある等の土地は向かないので除外される。一方、適しているのは陸上での輸送距離が短くて済む海岸に近いところで、これらの条件を満たすところを「科学的特性マップ」に示し、候補地を募った。

２００６年に高知県東洋町が応募しようとしたが、反対運動が起きて、推進しようとした町長が住民に信を問うと辞職、出直し町長選に立候補したが、反対派の候補者が当選し、応募を取り消した。

その後に３・11があり、応募する自治体はなかったが、２０２０年になって、北海道の寿都《すっつ》町、神恵《かもえ》内《ない》村が応募した。どちらも泊原発の近くだ。

応募すると、その自治体には地下深部の安定性等についての「文献調査」に応じるだけで調査期間（２年程度）の間に最大で20億円が交付される。調査の結果、適していると認められると、次は「概要調査」で、現地でボーリング調査をして地層を調べる。これには４年ほどかかるとされ、その間に最大で70億円が交付される。そして、14年かけて「精密調査」をして最終的な結論を出す。

鈴木直道北海道知事は、北海道の条例を根拠に最終処分地を道内には受け入れないと言っており、寿都町の周辺自治体も反対しているが、寿都町の町長は前のめりになっている。

この町は漁業が基幹産業だが、人口約２９００人で、税収は２億円ほどだという。そういう自治体にとっては文献調査だけで、２年間に最大で20億円交付されるのが魅力的なのは理解できる。文献調査だから、町としては何もするわけではないのに、最大で20億円が入るのだ。反対する住民が住民投票を求めたが実施されなかった。

寿都町は全国的にも強風地帯で、平均風速６メートル以上の風が年間半分以上、吹く。そこで１９８９年に、全国で初めてとなる町営の風力発電所を建てた。その発電事業の収入は税収よりも多くなったが、今後、売電価格が下がることが予測されるため、最終処分地の文献調査に応募したと町長は語っている。文献調査で得る20億円は、国が洋上風力発電を優先的に整備する「促進区域」への指定や民間企業の誘致に使うという。

神恵内村も漁業が基幹産業で、人口は約800人。税収は1億円前後だという。

この二つの自治体が応募した段階だが、調査だけで20年近くかかるので、そこに決まり、工事を始めたとしても、使用済み核燃料を埋め終えるまでに50年はかかるとされている。調査の途中で、適さないと判明すれば、また別のところを探さなければならない。

どこかに引き受けてもらわなければならないのは事実だ。しかし、地元の合意が必要なのは言うまでもないし、周辺自治体の理解も必要だ。

オンカロ視察

いま世界中で、使用済み核燃料の地層処分を始めたのは、フィンランドしかない。「オンカロ」という施設名が知られている。

「オンカロ」は地名ではなく、フィンランド語で「洞窟」という意味だ。フィンランド南西部、バルト海のボスニア湾に面したオルキルオト島に原発があり、その近くに地層処分施設として作られているのが、オンカロだ。

２１２０年代まで、という気の遠くなる先までに、最大35億ユーロ（約４４００億円）をかけて、全長42キロのトンネルを掘る計画だ。５５００トンの廃棄物を地下４２０メートル超のところに埋める。

使用済み核燃料は鉄の鋳造物で囲った分厚い銅の容器の中に封印し、トンネルへ運び込む。その容器をさらに、粘土で覆う。周囲の岩盤の揺れや、浸水を防ぐためだ。最終的には、多量の粘土の塊などでトンネルを埋める。

無害化するのに10万年以上もかかるので、この下にそういう危険物があることを、どうやって後世の人に伝えるかも課題だという。

２０１４年3月にオンカロへ視察に行ったときのレポートを１５８ページから載せるので、お読みいただきたい。

プルサーマル計画

原発ゼロを政府が決められない理由のひとつが、使用済み核燃料の問題だと、まことしやかに言う人もいる。

これはプルサーマル計画とも絡むので、簡単に説明しておく。

使用済み核燃料から核分裂していないウランとプルトニウムを再処理して、新たなＭＯＸ

（混合酸化物、Mixed Oxide）燃料として、再び原発で使用することを「プルサーマル」という。

だが、この再利用は最大でも2サイクルしかできない。そして再処理した燃料が新たな使用済み核燃料となるので、なくなるわけではない。再処理後には高レベル放射性廃棄物という「核のごみ」が発生する。

核燃料サイクル事業は、青森県六ヶ所村で「日本原燃株式会社」（ＪＮＦＬ、Japan Nuclear Fuel Limited）が行なうことになり、１９９２年にウラン濃縮工場、低レベル放射性廃棄物埋設センター、１９９５年に高レベル放射性廃棄物貯蔵管理センターが操業開始した。

ところがウラン濃縮工場は新型遠心分離機への置き換え工事のために操業を停止した後、運転再開したが、２０１７年9月から安全性向上工事や新型遠心分離機への更新工事などのため運転を一時停止している。

六ヶ所村の再処理工場は１９９３年に建設が始まり、当初は１９９７年に完成する予定だったのが、相次ぐトラブルで20回以上、延期となっている。その間に建設費も当初見込みの約７６００億円が2兆９０００億円と約４倍になっている。

完成したとして、40年間の運営費や廃止費用を含めると必要になるのは約14兆円との試算もある。

原発をすべて廃止すると決めれば、その瞬間にプルサーマル計画も終了だ。それだと、少なくともこれまでにかかった３兆円近くが無駄だったことになり、それを認めたくないので、原発ゼロにできない。

再処理工場にこだわる理由

事実上、ビジネスとして再処理工場は破綻しているが、続けようとしている理由には、使用済み核燃料の問題もある。

青森県は再処理工場は受け入れたが、六ヶ所村への使用済み核燃料の持ち込みが既成事実化し、「核のごみ」の最終処分場になることは認めなかった。ただ、そうなることを警戒していたので、１９９４年、青森県の北村正哉知事は、科学技術庁（現・文部科学省）の田中眞紀子長官に、「青森県が高レベル放射性廃棄物の処分地に選定されることはない」と文書で確認した。その後も何度も政府は青森県に確約しているのである。

また、当事者である日本原燃も、青森県と六ヶ所村との間で、「再処理事業の確実な実施が困難となった場合には、日本原燃は使用済み燃料の施設外への搬出を含め、速やかに必要かつ適切な措置を講じる」と確約している。

つまり、再処理工場が動かなくなった場合は使用済み核燃料を、元の電力会社に返さなければならない。

原発ゼロを決めることは、再処理工場が不要になることを意味する。したがって、六ヶ所村にある使用済み核燃料を持ち出さなければならない。

だから、「最終処分地を決めてからでなければ、原発ゼロは決められない」と言う人がいる。青森県との約束が原発ゼロのネックのひとつであることは認めるが、それを理由に原発ゼロにできないというのは、本末転倒であろう。

また、青森県むつ市には、東電と日本原子力発電が共同で出資して建てた使用済み燃料の中間貯蔵施設もある。２０２０年12月、電気事業連合会がこの施設を原発を持つ他の電力会社も使えるようにする共同利用案を発表している。

すでに使用済み核燃料は存在する。原発ゼロにしても、これまでに貯まった使用済み核燃料がなくなるわけではない。だが原発を稼働していけば、どんどん増える。ゼロにすると決めれば、それ以上は増えない。

まず、原発ゼロを決め、これ以上は増やさないとなった上で、使用済み核燃料の受け入れ先を探すべきだ。私は現実的には、まず青森県と話し合うしかないと思っている。新たに場所を探し、その自治体と交渉するのはかなり困難だろう。外国との交渉も並行していいが、国内で探すのが先だろう。

どこと交渉するにも、原発ゼロを決めるのが先だ。現在あるものと、すべての原発が廃炉になるまでに生じる使用済み核燃料の総量を確定した上でなければ、話にならない。

使用済み核燃料の最終処分地がない間は原発を稼働させるというのは、筋が通らない。

原発は事故が起きない前提で建て、事故に備えた避難計画も作らなかったように、すべてが、嘘を前提とした合意に基づいている。

矛盾の塊なのだ。矛盾を知りながら、自分が生きている間は大丈夫だろうと動かし続けるのは、無責任だ。もはや矛盾は明らかなのだから、謝罪すべき点は謝罪し、嘘のない話し合いをして、最終処分地を決めるしかない。

最終処分地を決める大前提が、原発ゼロなのだ。最終処分地が決まるまでゼロにはできないというのは、論理が矛盾している。

原発は、電力需要の観点からは不要であり、事故が起きたときの賠償責任を考慮すればコストが高すぎるし、使用済み核燃料の処分方法もなく、すべての点で完全に論理が破綻している。

頭のいいはずの経産省の役人も、電力会社経営陣も、分かる人は分かっている。だが、過去のしがらみがあるので、自分では「もう、やめます」と言えない。

それぞれの前任者、先輩たちを否定することになり、組織の中では先輩を否定した者は、退職後の再就職先（天下り先）の面倒も見てもらえなくなるとの恐怖感があるので、在任中は決断できないのだ。

上：安定していると言われるオンカロの地盤
下：オルキルオト原発1号機（写真右）と建設中の3号機（写真左）

レポート②

最終処分場のオンカロを視察

２０１４年に、ヨーロッパへ視察に出かけたとき、フィンランドのオンカロも見てきた。６年以上前のレポートとなるが、ドイツ、ポーランドでの脱原発運動をしている人たちとの交流を含め、当時、毎日書いていたブログをここに再掲する。

▼３月17日

成田を出発し、同日夕方ベルリンに到着。

明日18日はドイツ緑の党のエズデミール党首を含む幹部と会談予定。ドイツ緑の党は現在連邦議会で63議席を占め、１９９８年にはドイツ社民党との連立政権を組み、２０２２年の原発ゼロを決めたことがある。

昨年（２０１３年）来日したバーデン＝ヴュルテンベルク州の首相で参議院議長のクレッチュマン氏も緑の党の古くからの幹部。20日に会う予定。

19日にはドイツ連邦議会の環境委員会での報告会に出席の予定。この委員会では、チェルノブイリ報告を元グリーンクロス・ロシアのグズネッフォフ氏が行ない、その後私が福島原発事故について報告する予定。

今回の訪欧ではウクライナ情勢が緊迫しているため、残念ながらチェルノブイリ原発の視察はあきらめたが、フィンランドの使用済み核燃料の最終処分場オンカロには行く予定。

▼3月18日

ドイツ緑の党のエズデミール党首をはじめ主要幹部と意見交換した。緑の党の支持母体には労働団体といった大きな組織はなく、環境派や人権派などの市民団体、インテリ層などで、特に女性の支持が強いという。

前回の選挙で緑の党は8・4パーセントの得票で、63議席を占めた。ドイツの選挙制度は小選挙区比例代表併用制で、足切りの5パーセント以上得票をした政党に得票数に比例した議席が割り振られる。

ドイツでは「なぜ過半数を超える日本人が脱原発を支持しているのに、政府が逆行するのを止められないのか」と聞かれる。ひとつは選挙制度にある。

日本の衆議院は小選挙区比例代表並立制。名称は「並立」と「併用」の違いだけでドイツの制度と似ている。

しかし本質的にはドイツの制度は比例代表制であるのに対し、日本の制度は議席の6割強が小選挙区制で、比例も選挙区が日本全体でなく、11のブロックに区分されている。

そのためドイツの緑の党の得票率では日本の衆議院選の小選挙区での議席獲得は難しく、比例も大きな選挙区で1、2議席を確保するのが精一杯。逆にドイツの制度であれば議席数は得票率に比例するので、先の総選挙でも自民党は過半数を大きく割り込んでいたはずだ。

脱原発を望む6割以上の国民の声を国会の議席数に反映させるために、どうするべきか考えている。いい知恵がある方がいれば教えてほしい。

▼3月19日

朝10時から2時間半、ドイツ連邦議会の環境委員会でチェルノブイリと福島原発事故に関する公聴会が開かれた。

委員会には各党の連邦議会議員に加え、官僚や市民の傍聴も多かった。

チェルノブイリ原発事故に関しては、元グリーンクロス・ロシアのメンバーで、チェルノブイリ原発に関わったことのあるグズネツフォフ氏が話をした。旧ソ連では事故を起こしたのと同じ古い型の原発がいまも11基稼働していること、山火事で汚染している森の放射性物質が大気中に飛散し、新たな汚染が生じていること、チェルノブイリ事故より9年も前の１９７７年に廃炉を決めた原発が資金不足で処理が進まず、いまも燃料が取り出せておらず、危険な状態にあることなど、恐るべき事実が次々と証言された。

その後、私が福島原発事故について話をした。

福島原発事故が５０００万人の避難が必要となる瀬戸際の事故であったことを説明すると、多くの人がショックを受けた様子だった。私の話に対し、20人近くの各党議員から質問を受けた。女性議員からは健康被害の実情、食料の安全性、作業員の安全管理などの質問を多く受けた。また原子力ムラの影響力、現在原発がすべて止まっていても電力が供給できている理由、再生可能エネルギー推進の主体、政党の枠を超えた脱原発グループはあるのかといった幅広い質問が次々と出された。福島原発事故に対する関心の高さを感じた。環境委員会の後、ベル財団の理事との昼食会と本部ビルの視察を行なった。

ドイツでは各政党の政策立案を支援するシンクタンクに国が資金を出している。ベル財団はドイツ緑の党を支援するシンクタンクで、４００人のスタッフを擁し、世界各地に支部を持っている。

我が国では政党助成金はあるがシンクタンク支援の制度はない。政党助成金の半分程度をシンクタンクに充て、政党の政策立案機能を高めることを日本でも考えるべきだ。

ベル財団の本部ビルは徹底した省エネビルで、サーバーからの熱も暖房に利用していた。興味深かった。

▼3月20日

ドイツ、バーデン＝ヴュルテンベルク州のクレッチュマン首相と朝食会。クレッチュマン氏は緑の党の古くからの幹部でいまは全国16州の首相会議の議長を務めている。

ドイツは州の権限が強い分権国家。内政での重要課題は州の意見を無視できない仕組みになっている。バーデン＝ヴュルテンベルク州やバイエルン州などドイツ南部は自動車産業など経済活動が盛んで、電力需要も大きく、これまでは原発によって電力の半分をまかなってきた地域。

２０２２年の原発全面停止に向けて、エネルギー転換を進めている。

今日一日、水素エネルギー研究センターの視察やオブリッヒハイム原発の廃炉作業の視察など盛りだくさんの予定をこなした。

▼3月21日

9時前にポーランドの首都ワルシャワに到着。

ポーランドは政府が原発導入方針を発表し、反対運動が激しくなっている。私を招待してくれたグループも反対派のひとつ。

しかしポーランド議会では超党派で私の話を聞いてくれた。各党とも内部に色々な意見があり、福島原発事故について当時の総理の話を聞こうという姿勢だった。

夕方にはワルシャワ経済大学で講演。若い人も関心が高い。

▼3月22日

原発建設予定地に近いグダニスクに到着し、原発予定地近くのベロフェロボ市で市長に会う。その後、建設予定地近隣の地元政治家、ビジネスマン、反対市民などの集まりで話す。たくさんの質問を受ける。

原発事故でのことと同時に再生可能エネルギーについて非常に関心が強い。つまり、再生可能エネルギーで自主的な電力が確保できるなら、原発を作らなくてもいいという雰囲気であった。

会合の後、ジャルノビエツ原発建設予定地を視察。

原発建設予定地は１９８０年代に原発建設を始め、チェルノブイリ事故でやめたところ。視察していたら反対派のデモがやってきて合流して現地集会となった。

夕方には地元クロコバ郡の教会で原発犠牲者を悼むミサを営んでくれた。ありがたい配慮だ。

その後クロコバ郡関係者と夕食会。この地方はリゾート地で、夏には大勢の人が押し寄せるという。昼の集会でもリゾート地に原発を建設することについて意見を求められた。「原発がないほうがリゾート地に来る人は多いと思う」と答えておいた。

▼3月23日

原発予定地近くのホテルを出発し、グダニスクを経由してワルシャワに戻る。グダニスクはワレサ代表率いる「連帯」発祥の地。空港も「ワレサ空港」と名付けられている。

ポーランド訪問は、ポーランド政府が初めての原発建設を提案した直後というタイミングもあり、すべての会合が熱心な人で埋まった。

安倍総理は昨年、日本の原発をポーランド政府にも売り込んだ。福島原発は汚染水の流出など事故が継続しており、原子力規制委員会はまだ日本の原発についてひとつも新規制基準の審査を終えていない。それなのに、「安全」と売り込むのは一種の「だまし」ではないか。もし事故が起きた場合に責任を持てるのか。

昼過ぎ、ワルシャワを発って、次の訪問地フィンランドの首都ヘルシンキに夕方到着。明日は使用済み核燃料の最終処分場のオンカロを視察する。

▼3月24日

今日はこれからオンカロのあるオルキルオトまでバスで向かう。ヘルシンキから往復約10時間。

フィンランドは日本に近い面積に人口５００万人強。原発は４基。そのうち２基はオルキルオトにある。さらに２基計画中。

▼3月25日

オンカロを視察。まさに、「百聞は一見に如《し》かず」だった。トンネルの入り口から約５キロ、大きな移動用の坑道の坂道を車で地下４２０メートルまで下った。そこに使用済み核燃料を埋設するトンネルが枝分かれしている。

そして埋設用のトンネルには一定の間隔で井戸のような縦穴が設けられている。その縦穴にキャニスターと呼ばれる容器を粘土状の土壌に包む形で埋め込む。

キャニスターは、使用済み燃料棒を12束収納する鋼鉄製の筒状の容器を、銅製の筒状の容器の中に差し込んで溶接で密封した二重の

使用済み核燃料を入れたキャニスターを埋め込む縦穴とその内部

上:入り口部分で説明を受ける
下:キャニスターの模型(写真左)

筒状容器。ひとつで2トンの重さがある。

オンカロの地盤は岩盤で、19億年前から安定しているという。今後建設予定の原発の使用済み核燃料も含め、フィンランドの使用済み核燃料１００年分を受け入れられるという。処分場が満杯になった後は最終的にトンネルごと埋め立てられて密封される。

使用済み核燃料に含まれる放射性物質を幾重にも外界から隔離して封じ込めるという考えだ。10万年後には自然界のウランと同程度の放射能レベルになるという。

しかし、これで絶対に安全と言えるかどうかは誰にも分からない。10万年後に地球がどうなっているか予測できないからだ。

オンカロはフィンランド南西部のバルト海に面したオルキルオト島に建設されている。ここにはすでに2基のオルキルオト原発が稼働し、現在3号機が建設中。

この3号機はフランスのアレバ社製で、1基で出力１６０万キロワットという巨大なもの。格納容器が二重で飛行機の衝突にも耐えられるという。そしてメルトダウンしても再臨界にならないように、またメルトスルーしないように、コア・キャッチャー（炉心熔融物保持装置）が設けられる最初の原発とされている。

しかし、予定期間の2倍かかっても完成しておらず、建設費も当初予定の3倍近くになりそうだという。

フィンランドでは、電力については原発依存率が高く、最終的には60パーセントまで原発を増やす計画。最終処分施設が建設できても、それで原発自体が安全になったとは言えず、安全性を高めようとすれば、コスト高になる。

フィンランドはバイオマス資源が豊富で、風力発電の適地もある。再生可能な自然エネルギー中心にエネルギー転換してほしいものだ。

第4章

原発と政治

立地自治体は町ごと買収されている

原発問題では立地自治体の権限が強いので、「政治」への働きかけは、国会議員よりも、地方議員、知事、市区町村長に対するものが、すさまじい。

関西電力の高浜原発をめぐる事件は、原発マネーの闇の深さ、濃さを示している。あの事件ではそのマネーが関電経営陣へ逆流というか還流していたわけで、さらに悪質だ。

原発を建てる場合、電力会社は、その地域ごと政治・行政を買い占める。政治の買い占めには、国会議員も含まれる。パーティー券を買ってくれと頼んだら、１００万円分くらいはすぐに買ってくれただろう。それくらい資金力が豊かだ。

電力会社も、さすがに住民全員を買収することはできないので、住民投票をやられると負ける。負けると分かっているから、議員の大半を抱き込み議会を買い占めて、住民投票をさせないようにする。商工会など、町の有力団体をも抱き込む。

もちろん、町長や市長、村長らにも、何らかの恩恵がある。

山口県上関町《かみのせきちょう》に、中国電力が原発建設を計画しているが、工事は中断したままだ。上関町は受け入れたので工事が始まったのだが、対岸の４キロ西にある祝島では反対運動がいまも続いている。反対しているのは漁民たちで、一切、補償金をとらないで戦っている。逆に言えば、賛成すれば巨額の補償金が出る。もらった人は推進派になる。そういう形の政治の買い占めもある。

3・11の事故前は、あんな過酷事故が起きるとは、私も思っていなかったので、原発を受け入れた自治体を単純には責められない。過疎化が進み、他に産業がないという理由も理解する。だが、あの事故を見て、なおも誘致しようとするのは、理解に苦しむのである。

立地自治体が再稼働を求める理由

2020年9月、宮城県議会は東北電力の女川《おながわ》原発の2号機の再稼働を求める請願を賛成多数で採択し、村井嘉浩知事も同意した。

女川原発には宮城県牡鹿郡女川町と石巻《いしのまき》市にまたがる地域に、3基の原子炉があった。宮城県も東日本大震災の被災地で、女川原発も地震の被害を受けている。

2号機は2010年11月からの定期検査後に稼働したばかりのときに地震があり自動停止、運転中の1号機と3号機も地震の直後に自動停止した。幸いにも福島第一原発のような電源喪失にはならなかった。

1号機と3号機は、自動停止の後も止まっており、2011年9月からは定期検査に入っていた。しかし、1号機は運転開始が1984年と30年以上過ぎていたので2018年に廃炉が決定している。計画では２０５３年までかかる。

残った2基のうち、再稼働を求めていたのが2号機で、原子力規制委員会の審査を通っていた。それを地元自治体として再稼働しようと決定したのだ。

東日本大震災の被災地に立地する原発の再稼働は、これが初めてというので、新聞も大きく取り上げていた。

宮城県としても、女川町や石巻市にしても、女川原発が発電する電力を必要として、再稼働を求めているわけではない。最大の要因は、お金が絡んでいることだ。

原発が最も多い県は福井県だ。敦賀《つるが》、大飯《おおい》、美浜《みはま》、高浜《たかはま》と4か所に、合計して15基（そのうち5基は廃炉が決定）ある。

福井に集中したのは、原発にふさわしい立地条件とされる、「敷地の地盤が強固である」「冷却に必要な水（海水）が得られやすい」「十分に広い敷地が確保できる」の三つを満たしているからだが、それだけではない。そういう地域は他にもたくさんあるが、漁場としてうまくいっているところは漁協が猛反対するし、農業が豊かなところも反対する。人口が減り、産業もなく、町や村の財政の厳しいところが、原発を受け入れると、多額の税金が入ってくるという理由で建設されたというのが、真実だ。

これは地元の人も分かっているし、電力会社も経産省も分かっている。

原発マネーの源泉は税金

原発立地自治体に入る税金としては、まず固定資産税がある。これは原発でなくても、大きな施設があれば入る。原発ならではのシステムが、「電源三法交付金」と呼ばれるものだ。地域の理解を得て、建設が円滑に進められることを目的として、1974年、田中角栄内閣のときに制定された、電源開発促進税法・電源開発促進対策特別会計法（2007年に廃止され「特別会計に関する法律」が引き継ぐ）・発電用施設周辺地域整備法という三つの法律によって交付される補助金、交付金がある。

最初は役所や公民館などの公共施設の建設のためにしか使えなかったが、各自治体が建物を必要としなくなると、産業振興、福祉サービスにも使えるようになった。

電源三法交付金の他に、原発を推進するため、立地自治体への財政支援として、2000年に原発立地特措法が成立した。この法律が2021年3月に期限切れとなるため、自民党は延長を画策している。

こうした公的な資金が入るだけではない。原発は大工事になるので、建築・土木の雇用につながる。完成後も、定期検査が年に一回は必要となり、数か月間、外部から何百人もが作業のために来るので宿泊業、飲食業もうるおう。

電源三法制度

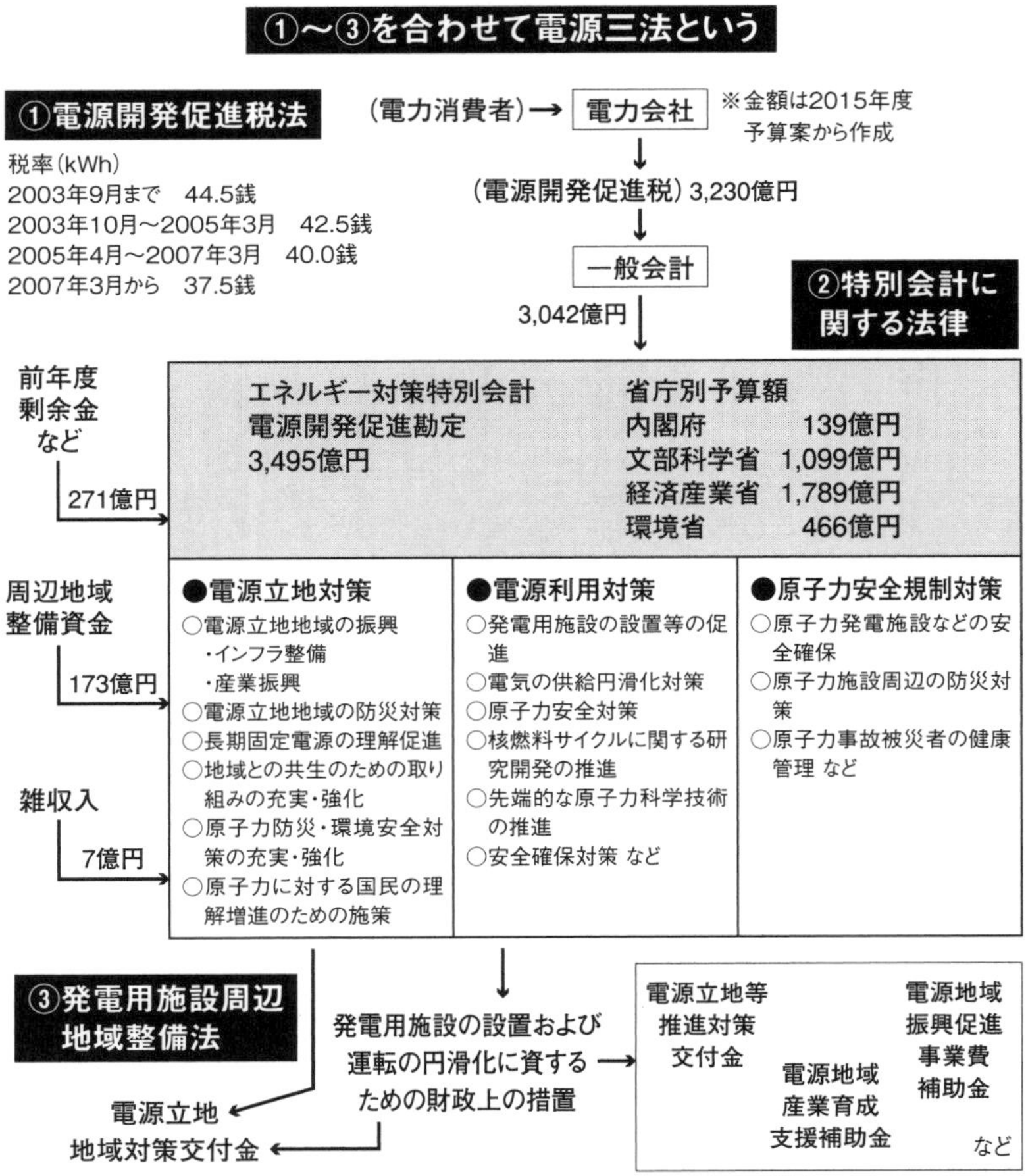

※エネルギー対策特別会計は、従来の電源開発促進対策特別会計と石油及びエネルギー需給構造高度化対策特別会計を2007年度に統合。うち電源開発促進勘定で電源開発促進対策特別会計の業務を承継

※2007年度から電源開発促進税の収入は、一般会計歳入に繰り入れ、毎年必要額を一般会計からエネルギー対策特別会計に繰り入れる

※この他、原子力損害賠償支援勘定として約8兆8,071億円が決定されている

※電源開発促進税の収入は2015年度概算額

出典：原子力総合パンフレット 日本原子力文化財団

一方、固定資産税は、建物ができた当初がいちばん高く、毎年、償却していくので、税額も減っていく。事業者にとってはありがたいが、自治体としては、たとえば、最初の年に10億円入っていたのに、数千万円ずつ減っていったのでは困る。自治体がそろそろ困っているだろうという時期になると、「隣にもう1基、作りませんか」となる。

その結果、どの発電所も複数の原発が並ぶことになった。東電の新潟県にある柏崎刈羽《かしわざきかりわ》原発には7基ある。福島第一原発にも6基あったが、さらに2基増設する計画があったと聞いている。

福島第一原発の事故が拡大したのは、4基が隣接していたからだった。最初に1号機が水素爆発したが、その瓦礫は隣の2号機周辺にまで飛び、2号機に近づきにくくなったし、4号機の水素爆発は3号機から水素が流れ込んだためだ。

危機管理の観点からも、あのように近くに隣接させてはいけなかったのである。チェルノブイリの事故は4号機で起きたものだが、他の原子炉と離れていたので、4号機だけの被害で済んでいた。

固定資産税目当てで、地元自治体が複数の原発を建てさせた結果が、福島原発事故が拡大した理由のひとつでもあるのだ。

原発マネーの闇

関西電力役員ら幹部の高浜原発をめぐる金品受領問題は複雑な事件だが、原発マネーの実態を暴くことになった。

電力会社の原発マネーは、町ごと、自治体ごとに、政治と行政を買い取っているに等しい。そこまでしないと建てられない原発は、根本的に歪んでいると言える。それは政治の責任でもあった。

私はすべての原発の廃炉を決定すべきと考えている。当然、電源三法交付金は入らなくなるし、固定資産税も激減するだろう。これまでの経緯を考えれば、その補償のための措置も必要だ。

立地自治体が固定資産税と交付金・補助金を理由に再稼働を求めている現実を、それはよくないと批判しても始まらない。地元も本音では原発はないほうがいいと思っているに違いないのだから、原発が必要な理由が財源だというならば、別の財源で解決する道を目指すべきである。

避難計画の策定は真面目に考えたら不可能

再稼働にあたっては過酷事故（シビアアクシデント）が起きた場合の避難計画の策定が必要だ。３・11の前は過酷事故は起きないことになっていたので、市町村レベルでも都道府県レベルでも自治体には原発事故が起きた際の避難計画などなかった。

福島の経験から避難計画を作ろうとすると、実際のところ不可能なことが分かってしまう。そもそも過酷事故が起きるのは、大地震や台風、洪水などの天災かテロが原因のはずだ。平時であれば避難もスムーズにできるかもしれないが、地震では道路が埋没しているかもしれないし、テロとなれば政府も大混乱だろう。

伊《い》方《かた》原発は愛媛県の佐多岬半島の根の部分にあるので、そこで事故が起きた場合、半島の先で暮らしている人は海から避難するしかない。だが、海が荒れていたら、避難できないのだ。

原発の過酷事故が起きた場合の避難計画は、真剣に作ろうと思えば思うほど、「完全な避難計画は立案できません」となる。

原子力委員会の近藤委員長の「最悪のシナリオ」では、首都圏を含む半径２５０キロ圏内、５０００万人の避難が必要とされたが、５０００万人の避難計画、首都移転計画を、内閣として策定できるというのだろうか。私は総理大臣経験者として、５０００万人を安全に避難させる計画は作れないと断言する。だから、脱原発へと舵を切ったのだ。

福島原発事故の避難者の状況

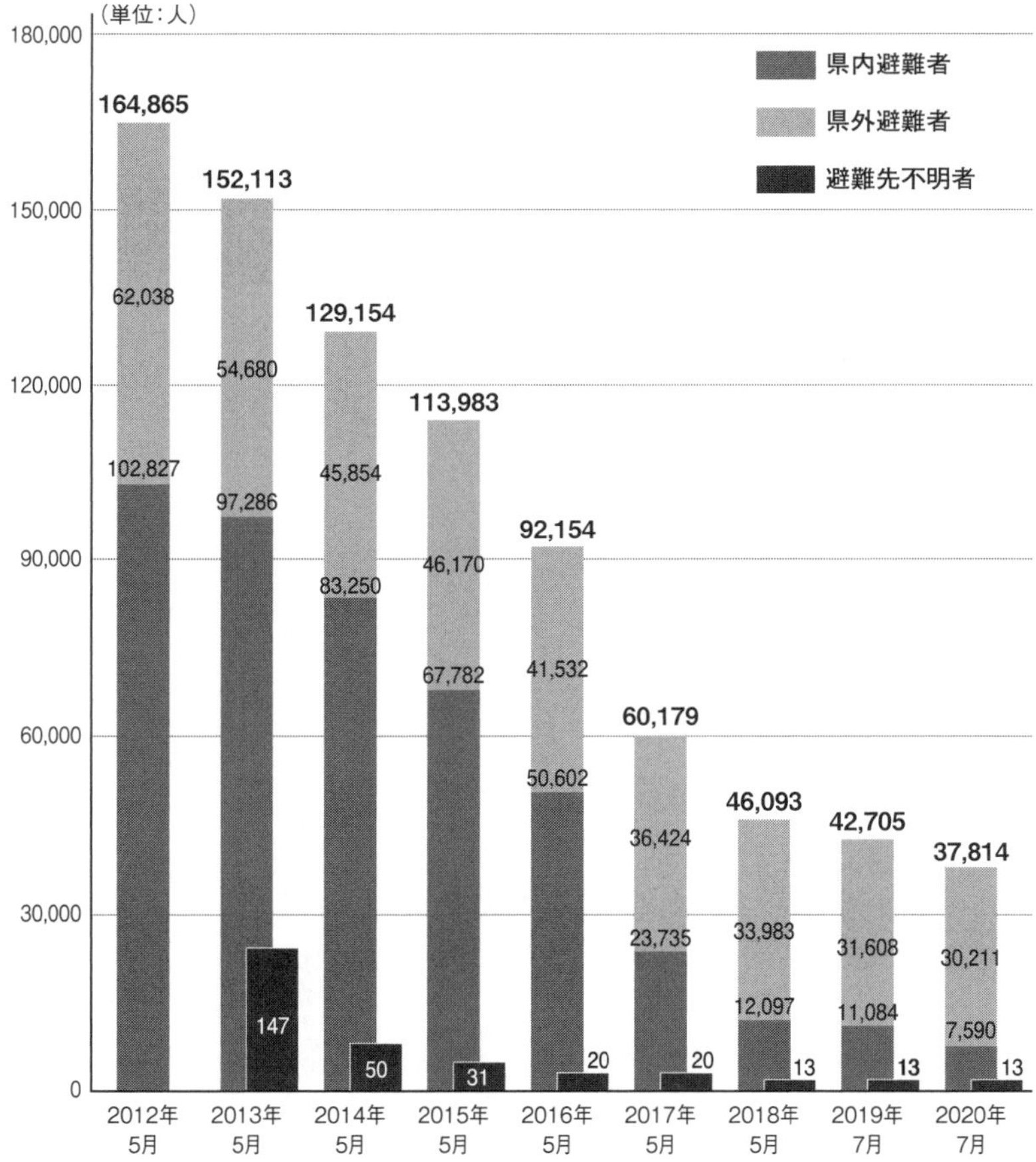

出典：原子力総合パンフレット 日本原子力文化財団

原発再稼働を容認する自治体は真剣に考えてほしい。無理なのだ。

立地自治体を廃炉へ促すために

立地自治体は廃炉による収入減を恐れているのかもしれないが、いきなりゼロにはならない。

すでに廃炉の決まった原発は、福島第一原発の6基を含めて24基あるが、いずれも更地に戻すまで30年から40年かかる計画だ。長期にわたる工事となるので、その間に廃炉作業のための雇用が生まれる。

だが、それも廃炉になれば終わりなので、その間に新しい産業を興す必要があるだろう。政府としては、期間を20年あるいは30年と区切って、廃炉を決めた原発のある自治体には、廃炉助成金などの名目で新たな制度を作り、財政支援を続けるべきだと思う。

それによって、立地自治体が安心して「原発は廃炉にしてもらう」と言えるようにすべきである。

跡地利用の例としては、原発立地自治体には土地がたくさんあるので、地理的条件にもよるが、太陽光の大発電所に転換するのが、いちばん簡単だろう。

冷たく言えば、エネルギーの転換期、あるいは産業の転換期に、旧《ふる》いほうが犠牲となるのが資本主義だ。特に新自由主義を唱える人は、そう言い放つ傾向がある。そこまで冷酷に突き放すべきではないと思うので、いままで原発を置いていた苦労に報いる意味でも、期限付きの助成は考えていい。

炭鉱経営者に学べ

エネルギーの転換で言えば、1950年代末に石炭から石油へという転換があった。

鉱山の閉鎖が強引だったことで、各地で労働争議が起き、なかでも福岡県の三井三池争議は有名だ。その労働組合を指導していたのが、社会党左派の理論的支柱だった九州大学の向《さき》坂逸郎《さかいつろう》教授で、「会社は潰れても炭鉱は残る」と言って、最後まで闘争を続けさせた。しかし石炭から石油へという転換は、社会主義の理論では止められず、組合は敗北した。

一方、私が生まれ育った山口県宇部《うべ》市にも宇部炭田があり、経営者はかなり儲けていた。だが、石炭の質があまりよくなかったこともあり、また目先が利いたので、これからは石油だと時代を読んで、石炭に見切りをつけた。そして、セメントや肥料などの化学製品の会社、宇部興産を設立した。

私の父は宇部曹達工業（現・セントラル硝子）に勤務しており、子供の頃には、小さい炭田もあったのを覚えている。

大きな転換の場合、犠牲を少なくするために政府が手当をしなければならない部分もあるが、それぞれの企業、経営者が自分で判断すべき部分もある。

世界的に見ても、原発がこのまま増えることはありえない。大地震が再びどこかの原発を襲う前に、電力会社が決断すべきだし、立地自治体も、いまのうちに「原発後」を考えて行動すべきだ。

いずれにしろ、原発は40年経てば廃炉と決まっており、例外として延長できても20年だ。新設しない限り、原発はなくなる。なくなってから考えたのでは遅いだろう。

立地自治体こそ、電力会社に対し、「もう原発はいらないから」と宣言し、財政的に脱原発依存すべきである。自分たちだけではどうにもならないと言うのなら、そこは声をあげてほしい。地元の自治体が脱原発依存を宣言すれば、いくらでも知恵を貸せる。太陽光発電所を作るのか、あるいは電力とはまったく異なる産業を誘致するのか、考えようではないか。

原発ゼロ、脱原発を主張する人たちは、立地自治体を敵視しているのではない。事情があるのも分かる。だからこそ、まず脱原発依存を決めてほしいのだ。そうすれば、協力できるのだ。

合理的な説得が通用しない次元

何度も述べてきたが、原発を増やすことは、合理的に考えれば不可能という結論になる。まずコストの問題だ。イギリスの例を書いたが、３・11以後、世界的に安全基準が厳しくなったので、諸外国でも計画が中止になっている。これから新設となると、採算がとれない。となれば、いまある原発をなんとかして動かし続けたいとなる。東電は福島がだめになったので、柏崎刈羽原発をなんとかして動かしたい。同原発には7基の原子炉があり、現在、6号機と7号機が、原子力規制委員会の新規制基準の審査を終了している。だが、地元自治体の同意が得られていない。

既存の原発を動かすのであれば「特重」のためのコストがかかるとはいえ、今後10年とか20年動かせれば、利益が出ると東電は考えている。

40年ルールを厳格に適用していけば、最も新しい北海道の泊原発3号機が２００９年から運転しているので、遅くとも２０４９年には運転終了になる。

合理的な思考をすれば、無理なのである。だから推進派は、その合理的な説得を受け入れようとしない。利益が出ると考えているからだ。

自民党の再エネ派にも期待

２０２０年秋の野党再編により誕生した新しい立憲民主党が9月15日の結党大会で制定した綱領には、「地域ごとの特性を生かした再生可能エネルギーを基本とする分散型エネルギー社会を構築し、あらゆる政策資源を投入して、原子力エネルギーに依存しない原発ゼロ社会を一日も早く実現します」とある。

このように明記した綱領を作れたのは大きい。

したがって、次の選挙で立憲民主党が過半数をとれば、政権も獲得でき、原発ゼロ基本法をいちはやく成立させ、綱領にあるように、あらゆる政策資源を投入していけばいいのである。

立憲民主党が過半数をとれなくても、ある程度、自民党と拮抗できる数をとれたら、自民党の中に原発ゼロに積極的な人がいれば、「原発ゼロ基本法」に乗ってくるとも考えている。それでもいい。そのまた次の選挙で自民党が過半数をとったらひっくり返されるような形にはしないほうがいい。

元総理の小泉純一郎氏はそう考えていると思う。だから安倍晋三氏に「あんたが決めろ」と言っていた。環境大臣になった小泉進次郎氏も、おそらく同じだろう。河野太郎氏も大臣になってからはあまり言わなくなったが、脱原発派のはずだ。昨年（２０２０年）12月には自民党の秋本真利議員が『自民党発！「原発のない国へ」宣言』（東京新聞）という本を出している。あの世代、中堅どころが、立憲民主党の枝野代表たちと手を組んでくれればいい。若い世代はしがらみも少ないし、合理的に判断できるだろう。原発に反対するのは左翼だという、そういう時代ではない。脱原発は反資本主義でもない。

「菅さん、原発ゼロでのあなたの出番は終わったよ」と言ってくれるのを待っている。

田中角栄のような政治家がいまの自民党にいれば、原発立地自治体に補助金や交付金をばらまくことで、さっさと原発を廃炉にし、次世代エネルギーへの転換を進めているだろう。そういう目先の利く政治家がいたことで、日本は石炭から石油へと転換でき、原子力も推進された。次は再生可能エネルギーだと、なぜ気づかないのだろう。

いま、自民党内で気をつけなければいけないのは、原子力規制委員会をどうにかしようという動きだ。原子力規制委員会は、作るときは自民党もむしろ積極的だった。原発推進派としても、規制委員会ができれば、再稼働につながると思っていたようだ。だが、予想以上に、規制委員会はがんばっている。

最初の委員長だった田中俊一氏は福島県出身で、退任後は福島県の飯舘《いいたて》村に、一軒家を借りて「飯舘山荘」と名付けて暮らしている。在任中も再稼働に非常に慎重だった。原発の復活などありえないという趣旨の発言もしており、我々とは歩み寄れる。

原子力規制委員会に対しては汚染水の問題などで批判的な人もいるが、純粋に科学者の立場で、エビデンスに基づいて審査している。そのへんは評価しなければならない。安全基準を作り、それに適合したかどうかの判断をしているだけで、再稼働を決めているわけではない。

このあたりの科学と政治との微妙な間合いを、理解する必要がある。

原発推進派は、かつての原子力安全委員会のように、規制委員会もどうにかなると思っていたようだが、そうではないと気づいて、批判に転じている。

規制委員会批判の先頭に立っている論客が櫻井よしこ氏だ。何かに取り憑かれたかのようだ。櫻井よしこ氏は、私が厚生大臣だったときは、ニュースキャスターで、薬害エイズ事件では被害者の側に立った報道を積極的にしていた。厚生省や製薬会社、学者を追及するのを見て、なかなかのジャーナリストだと思っていた。そういう頭脳明晰で行動力もある人が、どうして原発推進になっているのか、一度、聞いてみたい。

原子力ムラはヤマタノオロチ

原子力ムラは、私の見るところ、ヤマタノオロチのような構造になっている。身体はひとつだが、いくつもの頭があり、それぞれ動いている。

その頭とは、経産省であり、原発を所有する九つの電力会社であり、自民党の原子力族議員であり、原子力の学会などだ。なかでも強いのが、経産省だ。福島第一原発の事故処理の過程で、東電は事実上国有化され、つまりは経産省の完全な管理下になっている。

経産省の力がより強くなってきているのも事実だ。

では、経産大臣がすべてを決めているかというと、そうも見えない。映画や小説とは異なり、ひとりのドンがいて、すべてを差配しているのではないようだ。ドンがいれば、その人の「もうやめよう」という鶴の一声で決まる可能性があるが、従来の利害構造が人を動かしている。

政治が決める

「原発ゼロ」のような大きな政治課題は、官僚機構が下から積み上げて実現するのは不可能である。政治が決めるしかない。福島原発事故が発生した3・11以後、私が総理大臣だったのは約半年だが、その間に原発ゼロへの道筋を強力に進め、私の後を継いだ民主党の野田総理も苦労しながらその道筋を踏襲してくれた。

その後、政権が自民党・安倍政権に代わったが、原発ゼロを求める国民の声は根強く、この10年で稼動している原発は3～4基で、原発による年間発電量は全発電量の3パーセント程度に留まっている。

最近は自民党の中でも公然と原発ゼロを主張する政治家が増えてきている。この本で述べたように、再生可能エネルギーで必要な電力を生み出すことができることも広く知られるようになってきた。

原発の是非はいわゆるイデオロギーの問題ではない。合理的に考えることができるか、それとも目先の利害にとらわれて将来に禍根を残すかの選択である。

私は超党派で原発ゼロを実現する時期が迫っていると確信している。

あとがき

この本は、２０２０年秋から書き始め、新型コロナウイルスの感染拡大のため二度目の緊急事態宣言が出されている間に、書き終えた。

原発事故とコロナ禍とは、性格は異なるが「危機管理」という意味では共通性がある。福島原発事故発生翌日の早朝、総理であった私は福島第一原発の現場に出向き、吉田所長と会い、事故の状況を直接聞くことができた。現場の責任者である吉田所長から直接、危機状況を聞けたことは、その後の対応に非常に役立った。

危機管理において最も重要なことは、その危機に関する専門家から意見を聞くことである。私は吉田所長をはじめ、内外の原発専門家、そして原発建設にあたった日立、東芝の両社長など多くの人から意見を聞いた。そうした意見を聞いた上で、原災本部長である総理として決めるべきことは決めた。

事故発生からの1週間から10日間は、最悪の場合どこまで事故の被害が拡大するのかを常に念頭に置いていた。小松左京原作『日本沈没』の映画の映像も頭をよぎった。希望は捨てなかったが、楽観したことは一秒もない。

福島原発事故は一歩間違えれば、被害がさらに拡大していた可能性もあった。しかし、吉田所長をはじめとする東電の現場社員、出動してもらった消防、自衛隊、警察などのメンバーの命がけの努力により、さらなる事故の拡大を防ぐことができた。そうしたすべての皆さんに改めて心からお礼を申し上げたい。

それに加えて、「神の御加護」があったと、今でも感じている。

しかし、次に原発事故が起きたとき、再び「神の御加護」があるとは思えないのである。あれは本当に奇跡だった。その思いから、総理退任後は「原発ゼロ」実現を最重点に政治活動をしてきた。

まず、事故の現実を広く知ってもらうことを活動の柱とした。この10年間、新聞、雑誌、テレビ、ネットなどさまざまなメディアのインタビューに応じ、日本各地のみならず外国でも原発事故についての講演をしてきた。また橘民義氏がプロデュースした、福島原発事故を描いた映画『太陽の蓋《ふた》』の上映会も頻繁に開催している。

２０１２年には事故当時の回想録『東電福島原発事故　総理大臣として考えたこと』（幻

冬舎新書）を出版した。同書はドイツ語、英語、韓国語でも翻訳出版され、中国、台湾でも刊行を控えている。この他にも『「原発ゼロ」の決意　元総理が語る福島原発事故の真実』（七つ森書館）、岳真也氏との対談『脱原発党宣言　カンカンガクガク対談』（みやび出版）など、機会があれば、本も作ってきた。ブログやＳＮＳでも、常に発信している。

その上で、事故から10年という節目に、「原発ゼロ」に向けての活動の中間報告としてまとめたのが、本書だ。最近の私の関心は、営農型太陽光発電（ソーラーシェアリング）に向かっているので、第2章ではそれにページを割いた。

もちろん現実には、原発はまだ残っており、再稼働の動きも止まってはいない。原発なしでやっていけること、現実に約2年間も原発ゼロだった時期があったことは、少し調べれば分かるのだが、それすらも広く知られていないようだ。親しい支持者からも、「菅さん、そうは言っても原発は必要でしょう」と言われたこともある。

２０２０年暮れから日本列島はたびたび大寒波に襲われ、「太陽光発電は寒波には弱い」「原発なしではやっていけない」との声が出ていた。

たしかに現状では、太陽光発電だけではすべての電力需要に追いつかない。CO_2を出す火力発電に頼らなければならない。だが、「だから原発が必要だ」というのはあまりにも短絡的である。原発はCO_2は出さないが、放射能という危険を常に伴う。その危険の大きさは、他の災害・事故とは比べものにならない。

だからこそ、「原発ゼロ」を前提としたエネルギー政策を示し、実現していくべきなのである。

２０１２年12月の総選挙で民主党が政権を失ってからは野党の一議員となったので、政策実現という面では思うようにはできず、歯がゆい日々でもあった。それでも、国会の委員会での総理や大臣への質問や、担当する官僚を呼んで説明を受けるなど、国会議員として持てる機能を発揮して、さまざまな情報を得て、それを国民に伝えることをしてきた。

幸いにも、チェルノブイリやオンカロなど、気になっていた所を視察することもできた。

これらで得た知識をもとに、「原発ゼロ」が夢でも遠い未来の話でもないことを多くの方に知っていただきたいとの思いで、この本を書いた。

私は評論家ではないので「本を書く」ことで終わりではない。「原発ゼロ」を動かしようのない事実とするため、これからも活動していくつもりだ。

『東電福島原発事故　総理大臣として考えたこと』に続いて、この本でも、編集者で作家でもある中川右介さんにお世話になった。感謝する。

２０２１年1月　菅直人

菅直人は映画『Fukushima 50』をどう見たか

東京電力福島第一原発事故を題材とした映画『Fukushima 50』（若松節朗監督）について、朝日新聞社のWEBサイト、「論座」のインタビューに答えたので、ここに掲載する。聞き手は編集者・作家の中川右介氏。

（掲載は2020年3月10日と12日）

――3・11の原発事故を扱った映画は、いくつかありますが、事故の様子をこれだけリアルに再現した映画は『Fukushima 50』が初めてだと思います。

菅：非常に事故のリアリティがよく出ている映画だと思いました。当時を、まざまざと思い出し、改めて、あの事故のすさまじさを感じました。よくぞ、あそこで止まってくれた、と思っています。「神の御加護」があったから日本は助かったと、本にも書きましたが、最後の最後は、「御加護」があったとしても、吉田（昌郎）所長をはじめとする現場の皆さんががんばってくれたことが、大きかった。

――映画では、佐野史郎さんが「総理」を演じています。役名は「総理」であって、「菅直人」ではありません。誰が見ても佐野さんが演じているのは「菅さん」なんですけど、なぜか、そうなっていない。これについて若松節朗監督は雑誌「キネマ旬報」のインタビューで、「出てくる政府関係者は、役名を与えず役職名だけにしました。実名を出すことで映画を作ることに支障が出るよりは、という判断です」と語っています。どういう「支障」を想定したのか、忖度《そんたく》したのかは分かりませんが、もし、佐野さんが演じているのが「菅直人」だったとして、抗議されますか。

菅：いやいや、そんなことはしませんよ。周囲の人は、「描き方が戯画的だ」とか色々言ってくれるんですが、そんなに、ひどいとは感じていません。劇映画ですしね。

福島の事故を描いた映画では、『太陽の蓋』もあります。この映画では、私をはじめ政治家が全員実名で登場します。映画を作る人が、それぞれの判断と責任でやってくれればいいと思います。あまりに事実と違えば、何か言うかもしれませんが。

この映画も、もちろん事実と微妙に違う点はいくつかあります。それについては、私のサイトでも説明してありますので、見ていただければと思います。

映画の「総理」は怒鳴っていますが、たしかに、私もいくつかの場面では大声を出しました。火事場を想像してください。目の前で火が燃えているときは、「それを取ってくれ！」と怒鳴るでしょう。「それをこちらに持ってきてくれませんか」なんて悠長なことは言わない。あの数日間は、そういう場面の連続だったんです。だから、私も何度か、怒鳴っていたと思います。

映画では、「総理」もですが、吉田所長が声を荒らげるシーンが何回もありました。その相手は「総理」ではなく、東電本店の緊急時対策室の人（篠井英介演じる、常務・緊急時対策室総務班・小野寺秀樹）です。吉田所長が怒鳴りたくなるのがよく分かり、「そうだ。そうだ」と共感していましたよ。

東電の人は、何も具体的なことを答えられなかった

——東電本店は、そんなにひどかったんですか。

菅：東電本店は、私から見て、情報が届かない、伝わるのが遅い、内容が正確でない、という状況でした。はやりの言葉で言えば、どうもあの会社は、政治家に対して「忖度」する体質なんですね。こういうことは言っていいのかどうかとか勝手に判断して、伝えなかったり、曖昧に伝えたりしている、そんなふうに感じます。そのおかげで最初の5日ほどは、非常に苦労しました。

　こちらが知りたいのは、客観的な事実なんです。3月12日早朝に福島までヘリで飛んだのも、見学でも表敬訪問でもなく、状況を知るためでした。

――映画にも描かれていますが、東電本店の緊急対策本部にはモニターが並び、現場とリアルタイムで音声と映像がつながっていました。菅さんは12日早朝に福島まで行きますが、本店へ行けば、吉田所長とも直通電話で話せたと思うのですが。

菅：そのモニターのことも含めて、情報がなかったんです。事故直後から、東電からは武黒（一郎）フェローが官邸に詰めていました。この人はずっと原発関連の部署にいて元副社長でした（映画では、段田安則演じる「竹丸吾郎」）。ところが、何を聞いても、「本店に確認します」となって、しばらくして「分かりません」という返事なわけです。

　ベントの問題で言えば、12日午前1時頃に、東電からベントをさせてくれと要望がありました。実は原発事故においては、プラントのオペレーションは事業者、この場合は東電に責任があり、権限もあります。原子力災害対策本部長である総理には、住民の避難の責任があり、ベントをしろとかするなとか言う権限はないわけです。民間会社の施設ですから。

　ただ、ベントをすれば放射性物質が外部に出るので住民に避難してもらわなければならない。そこで東電は、了解を求めてきて、私は専門家である原子力安全委員会の班目委員長らとも協議し、それを了解しました。その時点で、「2時間後にはできる」という話でした。決めたのが1時頃でしたので、午前3時にはできるんだなと、考えました。

夜中でしたが、住民には避難してもらうことにしました。その避難の範囲も、半径何キロ以内の人に避難してもらうかなどは、専門家と協議してもらいました。ところが、予定の3時になっても、ベントが始まらない。武黒さんに理由を聞いても、「分かりません」ばかりなんです。遅れているのか、不可能となったのか、それも分からない。遅れているなら、その理由を説明してくれればいいのですが、理由も分からない。そこで、私は現場の責任者に直接会って話すしかないと判断したわけです。

本店のテレビ会議のシステムのことは、15日朝に東電本店へ行ったとき、初めて知りました。なんだ、こうなっていたのか、と思いましたよ。そうと知っていたら現地へ行かなかったかどうかは、何とも言えませんが、本店が現地とテレビ会議でリアルタイムでつながっているというのは、行くか行かないかの判断材料のひとつにはなったと思います。

しかし、私が「現地へ行こうと思う」と言ったとき、東電からは「大手町へ来てくれればテレビ会議のシステムがあります」という説明は何もありませんでした。私としては、現場で何が起きているのか、なぜ午前3時に予定していたはずのベントが5時になってもできないのか、それを知るためには行くしかない、と判断したわけです。

――それで3月12日朝6時14分に首相官邸を出発します。枝野官房長官は、「総理が官邸を留守にするのは政治的に批判される」と、反対だった。実際、当時からこの視察には批判の声も多かったわけですが、それとは別に、ベントが遅れている状態で、もし現地に着いたときに爆発したら、菅さん自身も被曝する可能性があったと思うのですが、そういう危険は考えなかったのですか。

菅：当時は、そういう危険は認識していませんでした。いまでは11日の20時前後にはメルトダウンが始まっていたことが分かっていますが、当時は水位計が壊れていたので、水がなくなっていることが分からなかった。東電の報告からは、メルトダウンしていないという認識でした。

　現地へ着くと、東電の武藤栄副社長が出迎えました。初対面でしたので、名前も顔も知りません。責任者のようなので、「ベントはどうなってますか」と訊くと、何も答えられない。東電の人は、みんな何も具体的なことを答えられないんですよ。

私はベントが遅れているから行った

菅：あとで分かるのですが、武藤副社長は前日のうちに現地に入っていたんですが、現場で指揮をとっているわけではなかった。地元の自治体に説明するためにやって来ていたんです。そういう役割の人で、東電本店からは、現場の指揮をするために役員クラスがひとりも来ていない。そういう状況でした。

　現場では吉田所長が指揮をとっていたわけです。では、本店では誰が事故対応の責任者だったのか。これもいまだに、よく分からない。有名な話ですが、清水正孝社長と勝俣恒久会長というトップ二人が旅行中で、事故発生から24時間、東京にいませんでした。つまり指揮官なしで、事故対応していたわけです。実際には、常務のひとりが指揮をとっていたようですが、はっきりしません。

　というのも、東電は事故が起きてから最初の24時間のテレビ会議の記録を、いまだに公表していないんです。かなりの混乱があり、とても、おもてには出せないということなのでしょう。こういう秘密主義の体質の組織なんです。「分からないから言わないこと」もあれば、「分かっていても伝えないこと」もある。そう感じます。

――着いたのが7時12分で、8時5分に出ていますから、1時間弱、いたことになります。

菅：吉田所長と話したのは30分もなかったかもしれません。ようやく、ちゃんと話せる人と会えた、と思いました。吉田さんは、遅れている理由をちゃんと説明してくれました。映画でも詳しく描かれているように、電源が喪失しているため、ベントも電動ではできず、手動でやらなければならない。その場所の放射線量が高く、ひとりがいられる時間が短い。そのために遅れている――そんな説明でした。

それでも、「決死隊を作ってでもやります」ということだったので、私としては、それ以上、何も言うことはありません。責任者である吉田さんと直接会って話せたのは、その後のさまざまな判断にも役立ち、無駄ではなかったと思っています。

――菅さんが視察に来ることになったので、ベントの作業がストップし、帰ってから再開したので、その時間だけベントが遅れ、被害が拡大したという説が、当時から広まっています。

菅：私の感覚では、「行ったから遅れた」のではなく、「遅れているから行った」わけです。遅れた理由は、作業そのものが困難だったこと、住民の避難が終わっていなかったことなど、いくつも重なっていたと思います。私が帰るまで待っていたので遅れたという認識は、私にはありません。実際、吉田所長は「総理が来ようが、やるときはやる」と言っていたわけですから。

――映画では、総理が15日早朝に東電本店へ行くシーンがありますが、そこに至る経緯が、説明不足なように感じました。

菅：そうですね。この映画には、描かれていないこともたくさんあります。15日の午前3時頃、海江田（万里）経産大臣から、「東電の社長から、現場が危険なので社員を撤退させたいと言ってきています」と伝えられました。これについて、東電の清水社長は、「撤退したいとは言っていない」と発言していますが、清水社長から、海江田大臣や枝野官房長官のもとに、何度も電話で「撤退したい」と言ってきています。

その電話での会話を聞いていたわけではありませんが、二人の大臣が、作り話をするはずがありません。私としては、海江田大臣と枝野長官の言葉を信じるしかありません。彼らがウソを言う理由がないですからね。

私はその場にいませんでしたが、海江田大臣以下の官邸にいた政治家と原子力の専門家とが協議し、撤退もやむなしか、ということになり、15日の午前3時頃、総理である私は、最終的な決断を求められました。その前から、こういう事態になることは、チェルノブイリの事故の例などから、十分に予想していました。

東電の社長の立場として、社員を命の危険にさらすわけにはいかないので撤退させようというのは、考え方としては、間違っているとは思いません。理解できます。しかし、総理である私の立場としては、それを認めるわけにはいかない。

東電が撤退したら、誰が事故に対応するのか。自衛隊が行っても、プラントのオペレーションの知識はありませんから、何もできません。東電にやってもらうしかないわけです。

撤退はありえない。撤退したら、東電は必ずつぶれる

菅：火力発電所の事故で、火の勢いが止まらないので一時撤退することはありえます。極端に言えば、燃えるものがなくなれば火は消えるわけですから。

でも、原発はそういかない。一度、撤退してしまうと、放射線量がどんどん高くなり、近寄れなくなります。

いったん撤退したら、第一原発の6基、近くの第二原発の4基、合計10基が放置されることになり、それぞれが暴走し、放射性物質を撒き散らし、制御できなくなります。それが「最悪のシナリオ」と呼ばれるもので、福島第一原発から半径２５０キロ圏内が「移転希望を認める区域」となります。そこには東京も含まれます。

ですから、命の危険があるのは分かった上で、東電には撤退せずに対応してくれと求めなければならなかったんです。そこで午前4時頃に、東電の清水社長を呼びました。会ってすぐに、「撤退はありえません」と伝えると、「はい、分かりました」と、こちらが拍子抜けするように、あっさりと答えました。「撤退させてくれ」と言われていた、海江田大臣たちもびっくりしていました。

——清水社長は、「社員を殺すわけにはいきません」とか、「社員が亡くなったら政府が責任をとってくれるのですか」とか、言わなかったのですか。

菅：何も言いませんでしたね。話し合いも議論もなく、「分かりました」で終わりました。この間、政府と東電の間の意思の疎通がうまくいっていないので、「東電本店のなかに、統合対策本部を作りたい」と提案し、了承してもらいました。

本部長が総理である私、副本部長に海江田大臣と清水社長、それから細野豪志・総理大臣補佐官が事務局長として東電本店に常駐すると決めました。1時間後に、私たちが大手町の東電本店へ行き、統合対策本部を立ち上げることになりました。本店へ行ったのは、そのためです。

清水社長だけでなく、真の実力者である勝俣会長や他の役員、社員の人に対しても、理解してもらう必要があると思ったので、乗り込みました。

——映画では、統合対策本部の説明はなく、総理がいきなり、「撤退などありえない」と、叫んだようになっていました。

菅：激しい口調になっていたのかもしれませんが、そのときの発言は、こんな内容です。

「皆さんは当事者です。命を懸けてください。逃げても逃げ切れない。情報伝達は遅いし、不正確だ。しかも間違っている。皆さん、萎縮しないでくれ。必要な情報を上げてくれ。目の前のこととともに、10時間先、1日先、1週間先を読み、行動することが大切だ。金がいくらかかっても構わない。東電がやるしかない。日本がつぶれるかもしれないときに撤退はありえない。会長、社長も覚悟を決めてくれ。60歳以上が現地へ行けばいい。自分はその覚悟でやる。撤退はありえない。撤退したら、東電は必ずつぶれる」

　こういうことを言ったのは、その前段階として、清水社長から「撤退したい」という要請があったからです。

東電と官邸は意思の疎通ができていなかった

——しかし、清水社長が政府に「撤退したい」と要請していたことを知らない吉田所長としては、「さあ、がんばろう」と思っていたのに、いきなり総理が、「撤退はありえない」と言い出したので、「何、言ってるんだ、このひとは」という気持ちになったように描かれています。

菅：吉田所長としては、そうだったかもしれません。とにかく、東電と官邸は意思の疎通ができていなかった。おそらく、現場と本店も意思の疎通ができていなかったのではないでしょうか。

　東電本店に政府と東電の統合対策本部を作り、総理補佐官の細野議員を事務局長として東電に常駐させてからは、現場がどうなっているか、ストレートに情報として入ってくるようになったので、スムーズに対応できるようになりました。

　そして偶然ではありますが、私が東電本店にいた15日朝、状況が大きく変わりました。

　爆発音がしたんです。危機的状態だった2号機が爆発していたら、日本は終わっていたのですが、そうではなく、4号機の建屋が爆発し、ほぼ同時に2号機のどこかに穴があき、圧力が低下しました。放射性物質は大量に出てしまいましたが、2号機の格納容器そのものが爆発していたら、手がつけられなくなっていました。

　つまり、ゴム風船に空気を入れすぎて破裂した場合は、風船が粉々になります。これが最悪の事態です。ところが、2号機は紙風船に穴があいたような形となり、空気が抜けていったのです。それで大爆発は免れました。

　私が「神の御加護」と言うのは、具体的には、この2号機の圧力低下です。もうひとつが4号機の使用済み核燃料プールに水が残っていたことです。特に2号機については、あけようと思って何かをして穴があいたわけではなく、本当に人の力を超えた何かのおかげだったのです。

　しかし、そういう奇跡が、次の事故のときも起きるわけがありません。アメリカの合衆国原子力規制委員会（ＮＲＣ）の委員長だったグレゴリー・ヤツコさんは、福島の事故後、「原発事故は、いつ、どこで起きるかは分からないが、いつか、どこかで必ず起きる」と言っています。その通りだと思います。

　ヤツコさんは、「原発を止めろ」とは言わないんです。「原発を作っていいのは、事故が起きても住民に被害が及ばないところだけだ」という言い方をします。つまり、半径２５０キロ以内に人が住んでいないところです。アメリカやロシアにはそういう条件を満たすところがあるかもしれませんが、日本にはありません。

大連立は加藤紘一さんを通じて何度も打診していた

――映画は、事故については3月15日の2号機が奇跡的に助かったところがクライマックスで、あとは後日譚的に描かれて終わります。ハッピーエンドではないけれど、希望というか、明日につなげようという感じでもあります。原発事故は、いまも終わったとは言えませんが、最悪の事態が3月14日から15日にかけてだったと思います。しかし菅内閣としては、その後も、厳しい局面が続きました。原発事故への対応と同時に、地震と津波で被害にあった方の救援活動、避難している方への支援、そして復旧・復興といった課題がありました。これらに対応するため、菅さんは自民党に連立を持ちかけましたが、断られます。

菅：地震と事故から1週間が過ぎた3月18日から19日にかけて、自民党に連立を呼びかけました。構想では、大臣は17人と決まっていますが3人ほど増やし、自民党からも入閣してもらい危機管理内閣として、この国難に対応していくことです。民主党の岡田（克也）幹事長にも相談しました。私は自民党のなかで親しかった加藤紘一さんを通して、自民党の谷垣（禎一）総裁と「一対一で会いたい」と何度か打診しました。ようやく加藤さんから、「この時間にこの番号にかけてくれ」と言われたので、その通りに電話をかけると、谷垣さんが出て、話しましたが、どうもその周囲に何人もいたようで、話はまとまりませんでした。

――菅さんがいきなり谷垣さんに電話で連立を持ち

かけたので、「あまりに唐突だ」と谷垣さんが言って、結局、まとまらなかったと、自民党側は説明していましたが。

菅：いま言ったように、事前に加藤さんを通じて、何度も「会いたい」と打診していましたし、加藤さんには危機管理内閣を考えていることも伝えました。加藤さんとは、１９９４年の自社さ政権のとき、私はさきがけの、加藤さんは自民党の政調会長で、それ以来、親しくしていたんです。その後、私が民主党の代表になっていた１９９８年、小渕内閣時代の金融危機のときは、民主党が作った案を自民党が丸呑みするのなら政局にしないということで、連立はしませんでしたが、与野党が一致して危機に対処しました。そのときの自民党側の窓口が加藤さんだったという経緯もあります。

　私としては、金融危機以上の国難でしたから、自民党にも閣内に入ってもらおうとまで考えたのですが、断られたわけです。谷垣さんの周囲が反対したのでしょう。

浜岡原発停止要請で一気に逆風

――最初はおとなしかった自民党も、やがて菅政権への批判を強めていきました。4月29日の衆議院の予算委員会で、菅さんが事故の賠償責任は「事業者である東電が一義的な責任を持つ」と答弁したことが、「菅おろし」のきっかけのひとつと思います。

菅：原子力損害賠償法という法律があり、原子力事故で生じた損害については事業者に賠償責任があると定められています。ですが、「その損害が異常に巨大な天災地変又は社会的動乱によって生じたものであるときは、この限りでない」という規定もありました。東電の清水社長は、今回の事故は巨大津波という天災によるものだから、東電は免責される可能性があると発言したのですが、私は、「東電を免責すると、誰が賠償責任を負うのか。国がすべての賠償責任を負うのは違うだろう」と答弁しました。もちろん、国にも責任はありますが、一義的には東電に責任があると、明確にしたわけです。

これが4月29日で、5月6日に浜岡原発の停止を要請しました。これも大きかった。以後、一気に逆風が強くなりました。

——驚きました。記者会見で発表されましたね。

菅：もともと浜岡は危険だと思っていたので、どうにかしたいと考えていたのですが、海江田経産大臣から「停止を要請したい」と言ってきたんです。経産省は、浜岡を、いわば生贄として差し出すことで、「浜岡以外の原発は安全なので、定期検査が終われば再稼働していく」というシナリオを書いていたようでした。

5月5日に、海江田経産大臣が浜岡へ視察に行っています。その翌日、6日の午後1時頃に海江田さんが来て、「すぐにでも記者会見をして、浜岡原発を停止するよう要請すると発表したい」と言うので、「夕方まで待ってくれ」と言いました。

夕方、改めて話し合い、重大なことなので私が発表することにしました。というのも、経産省が用意していた、海江田大臣の会見内容の文書には、明らかに「浜岡は危険だから止めるが、他は安全なので再稼働も含めて稼働し続ける」と読み取れる内容があったのです。

それが分かったので、私は、あえて浜岡以外の原発については、何も言いませんでした。これにより、経産省のシナリオが狂ったわけです。

私は一言も海水注入を止めろとは言っていない

——そういう背景が分からないので、脱原発の立場からは、「浜岡以外も止めると言わないのはおかしい」との批判もありましたが、「浜岡以外は稼働させる」と表明できなかったことで、経産省の筋書きが狂い、こんな総理では大変なことになると、「菅おろし」が始まるわけですね。

最初の攻撃として、映画『Fukushima 50』にも出てくる海水注入をめぐる問題があります。当時は野党の一議員だった安倍晋三氏が5月20日夜、「菅総理が海水注入を止めたので事故が拡大した、辞任すべきだ」という主旨のメルマガを公開しました。

菅：海水注入問題は、事故から2日目の3月12日の出来事です。朝、ヘリで福島へ行き、午後3時36分に1号機の建屋が水素爆発しました。その夕方のことです。消防車を使って冷却するための注水をしていたのですが、真水がなくなり、海水を使うしかないとなりました。

海水には塩分が含まれますので、できれば使いたくないわけですが、そんなことを言っている場合ではない。官邸で私や海江田大臣、原子力安全委員会の班目委員長、東電の武黒フェロー、保安院などと18時頃から協議して、海水注入することで意見は一致していました。

海水注入を始めるまでどれくらい準備にかかるのかと訊くと、武黒フェローが「2時間くらい」と言うので、「それまでの間に、塩の影響や、再臨界の危険などについても検討しておいてください」と言って、私はその会議から離れました。

私はひとことも、「海水注入は待て」とか「止めろ」とは言っていないわけです。それを武黒さんが何を忖度したのか、勘違いしたのか、吉田所長に「待つ」ように電話をしたようです。ところが、すでにそのときには海水注入は始まっていたわけです。後で知ったのですが、19時04分に始まっています。

――映画では海水注入が始まったすぐ後に、官邸にいるフェローから吉田所長に電話があり、「官邸がゴチャゴチャ言っているから、止めろ」と言い、吉田所長と言い合いになるシーンがあります。吉田所長は、本店からも止めろと命令があるのを予測し、現場の職員に、「本店から海水注入を止めろと指示があるかもしれない。俺はそれに従うふりをして、止めろと命令するが、絶対に止めるなよ」と指示します。その予想通り、本店から中止命令が来て、吉田所長はそれに従い、中止を指示しますが、実は止めていなかった。

菅：私は、武黒フェローが吉田所長と話したことも、本店がどう指示したかも、何も知りません。19時40分を過ぎた頃、海水注入についての協議が再開し、55分に、注入するよう指示しました。

――19時55分の時点では、菅さんを含めた官邸の政治家は海水注入は「始まっていない」と認識していた。東電本店と武黒フェローは、いったん始まった海水注入は、命令により中止されていると思っていた。しかし、実際には19時04分に始まり、東電本店から中止するよう命令されたが、吉田所長は命令に従ったふりをしただけで、海水注入は継続していた。このように三つの「事実」がありました。真実は、最後の「海水注入は19時04分に始まり、中止命令が出たが、継続した」です。

菅：その通りです。さらに言えば、もうメルトダウンは始まっていたので、海水注入の遅れが原因でメルトダウンしたわけでもないんです。

安倍さんは東電の認識を真実だと思い込んだ

菅：安倍さんは、東電本店が認識していた「事実」

を、真実だと思い込み、「菅総理が、海水注入を中止するよう命令したため、作業が遅れ、被害が拡大した」とメルマガに書きました。安倍さんのメルマガは5月20日の夜に公開され、21日の読売新聞と産経新聞も同じ内容のことを大々的に報じました。

　報道を見て驚きましたよ。私の認識では「19時55分に海水注入をするよう指示した」であり、一度も、「中止しろ」なんて言った覚えがないわけですから。騙されていたとは言いませんが、私たち官邸も、すでに始まっていることを知らされずに、協議していたわけです。始まっていないという認識なんですから、「中止しろ」と言うはずがない。

　この報道の後、吉田所長は、「本店から中止するように言われたので、中止するふりをしたが、実際は中止しなかった」という旨の発言をしています。実は、そのときまで、東電本店は中止されたと思い込んでいたんです。

　安倍さんの情報源が東電、あるいは東電から聞いた経産省の誰かであることは、明らかです。同じ情報源が各マスコミにも、菅総理の決定的なミスだとして持ち込んだのですが、裏が取れないとして、書きませんでした。書いたのは、読売新聞と産経新聞だけです。

――この件で、菅さんが名誉毀損だとして安倍総理を民事で訴えましたが、敗訴しました。だから、安倍さんが書いた内容は正しいと思い込んでいる人がいます。

菅：裁判では、「安倍さんが書いた内容は間違っていた」と認定されています。つまり、私が海水注入を中止させた事実はないと、裁判所も認めています。ただ、当時は安倍さんは野党議員でしたから、野党議員が首相を批判するために書いたものなので、名誉毀損にはあたらないということで、私の損害賠償請求は退けられたわけです。安倍さんも、内容が間違いだったことは認め、裁判の途中で、メルマガのその回を消しています。読売、産経は誤報だったとの訂正記事をいまだに、出していません。

――『Fukushima 50』には読売、産経も出資していますね。さすがに映画では、総理が中止命令を出すようなシーンは創作されていませんが、「官邸がゴチャゴチャ言っている」とのフェローのセリフがあるので、映画を見た方のなかには誤解する人もいるかもしれません。この安倍さんのメルマガが5月20日で、菅さんは25日から29日まで、サミットのためフランスへ行かれました。

菅：サミットの前に、パリでＯＥＣＤの50周年記念行事があり、そこでのスピーチで、「発電総力量に占める再生可能エネルギーの割合を、２０２０年代のできるだけ早い時期に、少なくとも、20パーセントを超える水準とする」との目標を表明しました。

私は3月末には、原発はとても人間の手には負えない、ゼロにしなければならないと考えていました。そのため、原発にかなり依存していたエネルギー基本計画を白紙に戻す必要があると表明するなど、少しずつ脱原発へと舵を切っていたのです。

フランスにいる間も、日本からの連絡で、自民党が不信任決議案を出そうとしていることは知っていました。そのうち、民主党の小沢さんも同調する動きを見せ始めました。

総辞職までの3か月で脱原発の布石は打てた

――一気に政局となり、菅さんが鳩山由紀夫さんと会い、「一定の目処がついた段階」で辞任することを表明して、民主党は不信任決議案を否決し、続投が決まります。

菅：3か月後の8月30日に内閣総辞職しました（新内閣発足の9月2日まで職務執行内閣として存続）が、それまでの3か月間に脱原発への布石をだいぶ打てました。

定期検査のために運転停止をしていた原発の再稼働の条件を強めたのが、ひとつです。6月下旬、経産省は九州電力の玄海原発を再稼働させようとしていました。ここは地元自治体の同意が得られやすいところだったのです。私は再稼働にあたっては、従来の手続きでは国民の理解を得られないとして、原子力安全委員会の関与と、ストレステストの導入、地元自治体の合意、そして最終的には、経産大臣、原発担当大臣、官房長官、総理の4人で判断するという、暫定的なルールを指示しました。

これによって再稼働の条件がかなり厳しくなり、稼働していた原発が次々と定期検査に入り、2012年5月には、いったん、日本で稼働している原発はゼロになったのです。

2011年7月13日には、後に「脱原発宣言」と呼ばれる記者会見をしました。「原発に依存しない社会を目指す」「計画的、段階的に、原発依存度を下げ、将来は原発がなくてもきちんとやっていける社会を実現していく」と、現職の総理として宣言しました。

法律では、FIT（固定価格買取制度）の導入を定めた再生可能エネルギー特措法を成立させました。これは大きかった。再生可能エネルギーが広く普及するようになりました。

また、原子力安全・保安院の原子力安全規制部門を経産省から分離し、環境省の外局として、原子力安全庁を設置することを閣議決定し、これは野田内閣に引き継がれて、原子力規制委員会として発足しました。

——事故から9年が過ぎました。事故の直後は脱原発の声も高まりましたが、最近は盛り上がっているとは言えない雰囲気ですが。

菅：ほとんどの人が、「原発なしでやっていけるなら、原発はいらない」と考えているはずです。原発がなかったら電力が足りないというのは、事実ではありません。

　太陽光エネルギーのポテンシャルはものすごいんです。細かい計算は略しますが、太陽から地球に降り注ぐエネルギーの総量は、人間が使っているエネルギー量の約1万倍なんです。これをうまく電力などに転換できれば、原発はいらないし、日本からホルムズ海峡まで石油を買いに行く必要もなくなります。石油は、地下から出るので、所有者がいますが、太陽の所有者はいないので、原料コストはゼロです。

　では、太陽光発電だけで、日本の電力はまかなえるのか。それに必要な太陽光パネルを設置する場所はあるのか。それがあるんです。農地を使えばいいんです。しかも、米や野菜を作るのをやめなくていい。農地の上空3メートル程度のところに、太陽光パネルを間隔を置いて配置すれば、地上は農地として利用できます。この仕組みは、「ソーラーシェアリング」といい、全国で次第に拡大しています。

　日本の全農地面積は約４００万ヘクタールです。ソーラーシェアリングの場合、1ヘクタールで年間およそ50万キロワットアワーほどの発電が可能です。全農地でソーラーシェアリングを実施すると、計算では４００万ヘクタール×50万キロワットアワー＝2兆キロワットアワー。現在の日本の全電力消費は約1兆キロワットアワーなので、その2倍の可能性があります。

　原発や化石燃料を発電に使わなくても、ソーラーシェアリングだけでも日本に必要な電力供給は可能で、これに風力やバイオマス発電を加えれば自然エネルギーつまり再生可能エネルギーだけで必要な電力供給は十分可能です。

　だから、私はいま農水省に、エネルギー官庁になれ、と言っているところです。

総理の決断には、専門家の意見を聞くプロセスが必要

――原発はどうやって、なくしていくのですか。電力会社にまかせていたのでは、いつまでも残る気がします。

菅：原発を所有する各電力会社は再稼働を実現するため、新規制基準を達成しようと膨大な設備投資を進めています。新基準を満たしても、地元自治体の同意が得られなければ再稼働できません。いったん全原発の廃炉を決めればそうした費用は不要になります。その点からも、できるだけ早く具体的な廃炉の段取りを示すことが重要です。

廃炉の経済的問題を解決するために、「原発の一時国有化による全原発廃炉促進法案」を作っているところです。廃炉と決まると、その瞬間に原発の資産価値がなくなり、電力会社は債務超過に陥るおそれがあります。それが、電力会社の経営者たちが廃炉に踏み切れない、ひとつの要因でもあるので、電力会社から原発部門を切り離し、国有化するという案です。単なるアイデアではなく、法案にすべく準備しています。

――「廃炉」というと、「廃墟」を連想してネガティブなイメージです。莫大な費用がかかるのも、いいイメージではありません。でも逆に言えば、廃炉にする工事は、大きなビジネスになりますから、雇用にもつながる。原発の立地自治体にも悪い話ではないはずです。廃炉産業は、すべての原発が廃炉になれば必要なくなりますが、それには何十年もかかるわけですし、何年後にはなくなると明確なので計画が立てやすい。廃炉にした跡地をどう利用するか、その土地の若い人たちがアイデアを出し合う仕組み

も作れば、未来に夢と希望が持てると思うのですが。

菅：廃墟になるとネガティブに考えず、前向きな話として、廃炉を考えていくのはいいですね。広大な土地が生まれるから、色々なことができる可能性があります。

――9年前の日本は放射能という「見えない敵」に襲われ、いままた新型コロナウイルスという「見えない敵」の攻撃を受けています。そのため、菅《かん》政権の対応と、安倍政権の対応が比較されています。

菅：政治家にはそれぞれ得意な分野はありますが、それでも、専門家ではありません。私は東工大で応用物理を学んだので、普通の人よりは原子力の知識はありますが、自分でプラントを設計したわけでもないので、専門家だとは思っていません。

原発事故のとき、さまざまな決断を迫られましたが、すべて専門家の意見を聞いてから決めていました。原発事故において総理に助言する立場にあったのは、原子力安全委員会の班目委員長でしたから、彼に聞いて、決めていました。他にも、原発メーカーである東芝や日立の社長からも聞きましたし、東工大の卒業生である原子力の専門家の意見を聞いたこともあります。

報道を見ている限りでは、安倍さんは専門家の意見を聞かずに決めているようですね。休校の問題にしても、文科省の意見を聞いていない。聞いていないどころか、自分の側近である萩生田光一文科大臣が反対しているのに押し切った。

総理の仕事は決めることですから、決めるのはいいんです。しかし、その前に専門家の意見を聞くべきです。そのプロセスが欠けていると思います。

巻末資料

原発廃止・エネルギー転換を実現するための改革基本法案

２０１８年３月９日、立憲民主党・自由党・日本共産党・社会民主党が衆議院に共同提出。
２０２１年１月現在、審議されていない。

前文

我が国は、今次の大戦において、原子爆弾の投下により未曽有の惨禍を被ったが、昭和三十年の原子力基本法の制定以来、原子力の平和的利用の名の下に原子力発電を推進してきた。原子力発電には、安全性の問題のみならず、使用済燃料及び放射性廃棄物の処分方法、労働者の被ばくの危険性等の問題がある。それにもかかわらず、発電に要する経費が安価である、二酸化炭素を排出しない、核燃料サイクルによりエネルギーを無限に得られる等の主張は、原子力発電に関する諸問題から国民の目をそらし、殊更に強調された原子力発電の安全性は、日本の原子力発電所で事故は発生しないとの安全神話を生み出した。

しかし、平成二十三年三月十一日に発生した東北地方太平洋沖地震に伴う東京電力株式会社福島第一原子力発電所の事故は、原子力発電に依存する経済社会の構造に抜本的な改革を迫るものとなった。当該事故による原子力災害により多数の住民が避難を余儀なくされ、放射性物質による汚染に起因して住民の健康上の不安も生じている。今や安全神話は崩壊し、原子力発電は計り知れないほど重大な危険を伴うものであるとの認識が広がっている。

こうした現実に直面した今日、我々には、これまでの国の原子力政策が誤りであったことを認め、これに協力して日本の経済社会を支えてきた地域の経済の発展を促進しつつ、全ての実用発電用原子炉等を速やかに停止し、及び計画的かつ効率的に廃止するとともに、電気の需要量の削減及び再生可能エネルギー電気の供給量の増加によりエネルギーの需給構造を転換し、持続可能な社会を実現する責務がある。

原発廃止・エネルギー転換の実現は、未来への希望である。原発廃止・エネルギー転換を実現することにより、環境と調和のとれた新しい経済社会を創造するとともに、そのために創出される新技術を通じて原子力発電所のない世界の実現に貢献することができる。さらに、原発廃止・エネルギー転換の実現による脱炭素化の促進は、地球規模の緊要な課題である気候変動の問題の解決に資するものとなる。

ここに、原発廃止・エネルギー転換を実現するための改革を総合的かつ計画的に推進するため、この法律を制定する。

第一章　総則

（目的）

第一条　この法律は、原発廃止・エネルギー転換を実現するための改革に関し、基本的な理念及び方針を定め、国等の責務を明らかにし、並びに原発廃止・エネルギー転換改革推進計画の策定等について定めるとともに、原発廃止・エネルギー転換改革推進本部を設置することにより、原発廃止・エネルギー転換を実現するための改革を総合的かつ計画的に推進することを目的とする。

（定義）

第二条　この法律において「原発廃止・エネルギー転換」とは、全ての実用発電用原子炉等が廃止されるとともに、電気の需要量の削減及び再生可能エネルギー電気の供給量の増加によりエネルギーの需給構造が転換されることをいう。

2　この法律において「実用発電用原子炉等」とは、実用発電用原子炉（核原料物質、核燃料物質及び原子炉の規制に関する法律（昭和三十二年法律第百六十六号）第四十三条の四第一項に規定する実用発電用原子炉をいう。第四条第二項及び第九条第二項第二号において同じ。）及び高速増殖炉（国立研究開発法人日本原子力研究開発機構法（平成十六年法律第百五十五号）第二条第五項に規定する高速増殖炉をいう。）をいう。

3　この法律において「再生可能エネルギー電気」とは、再生可能エネルギー源（太陽光、風力その他非化石エネルギー源のうち、エネルギー源として永続的に利用することができると認められるものをいう。以下同じ。）を変換して得られる電気をいう。

（基本理念）

第三条　原発廃止・エネルギー転換を実現するための改革は、次に掲げる事項を基本として行われるものとする。

一　電気の安定供給の確保を図りつつ、全ての実用発電用原子炉等の運転を速やかに停止し、及び全ての実用発電用原子炉等を計画的かつ効率的に廃止すること。

二　エネルギーの使用の合理化等により、電気の需要量を削減すること。
三　自然環境及び生活環境の保全に配慮しつつ、再生可能エネルギー電気の供給量を増加させること。

（国の責務）
第四条　国は、前条の基本理念（次条において単に「基本理念」という。）にのっとり、これまで原子力政策を推進してきたことに伴う国の社会的な責任を踏まえ、原発廃止・エネルギー転換を実現するための改革を推進する責務を有する。
2　国は、原発廃止・エネルギー転換を実現するための改革に当たって生じ得る実用発電用原子炉を設置している電気事業者（電気事業法（昭和三十九年法律第百七十号）第二条第一項第十七号に規定する電気事業者をいう。以下同じ。）等の損失に適切に対処する責務を有する。
3　国は、原発廃止・エネルギー転換を実現するための改革を推進するに当たっては、原子力発電所等の周辺の地域の経済に及ぼす影響に十分に配慮しなければならない。

（地方公共団体及び電気事業者等の責務）
第五条　地方公共団体及び電気事業者等は、基本理念にのっとり、国による原発廃止・エネルギー転換を実現するための改革の推進に協力する責務を有する。

（法制上の措置等）
第六条　政府は、第三章に定める基本方針に基づく施策を実施するため必要な法制上、財政上、税制上又は金融上の措置その他の措置を講じなければならない。この場合において、第九条に定める基本方針に基づく施策を実施するため必要な法制上の措置については、この法律の施行後二年以内を目途として講ずるものとする。

(年次報告)

第七条　政府は、毎年、国会に、原発廃止・エネルギー転換を実現するための改革に関する施策の実施の状況に関する報告書を提出しなければならない。

第二章　原発廃止・エネルギー転換を実現するための改革の目標

第八条　政府は、この法律の施行後五年以内に、全ての実用発電用原子炉等の運転が廃止されることを目標とするものとする。

2　政府は、一年間における電気の需要量について、平成四十二年までに平成二十二年の一年間における電気の需要量からその百分の三十に相当する量以上を減少させることを目標とするものとする。

3　政府は、一年間における電気の供給量に占める再生可能エネルギー電気の供給量の割合について、平成四十二年までに百分の四十以上とすることを目標とするものとする。

第三章　原発廃止・エネルギー転換を実現するための改革の基本方針

(全ての実用発電用原子炉等の計画的かつ効率的な廃止)

第九条　政府は、これまで原子力政策を推進してきたことに伴う国の社会的な責任を踏まえ、実用発電用原子炉等の廃止並びに使用済燃料及び放射性廃棄物の管理及び処分に関する国の関与の在り方その他の全ての実用発電用原子炉等の計画的かつ効率的な廃止のための方策について検討を加え、その結果に基づいて必要な措置を講じなければならない。

2　政府は、全ての実用発電用原子炉等の計画的かつ効率的な廃止を推進するため、次に掲げる措置を講ずるものとする。

一　原子力災害対策（原子力災害対策特別措置法（平成十一年法律第百五十六号）第六条の二第一項に規定する原子力災害対策をいう。）を重点的に実施すべき区域の住民の安全を確保するものとすること。

二　実用発電用原子炉を運転することができる期間の延長を認めないものとすること。

三　実用発電用原子炉等の設置の許可及び増設を伴う変更の許可を新たに与えないものとすること。

四　使用済燃料及び放射性廃棄物の管理及び処分は適正な方法によるものとし、使用済燃料の再処理は行わないものとすること。

五　実用発電用原子炉等を廃止し、又は使用済燃料の再処理の事業を廃止しようとする者に対し、必要な支援を行うものとすること。

六　電気のエネルギー源について、再生可能エネルギー源、可燃性天然ガス等の原子力以外のエネルギー源の利用への転換を図るものとすること。

七　新たな産業の創出、電気事業者の事業の継続等により、原子力発電所等の周辺の地域の経済の振興及び雇用の確保を図るものとすること。

（電気の需要量の削減）

第十条　政府は、電気の需要量を削減するため、次に掲げる措置を講ずるものとする。

一　国等によるその設置する施設におけるエネルギーの使用の合理化を推進するものとすること。

二　事業者によるエネルギーの使用の合理化の円滑な実施を促進するものとすること。

三　建築物のエネルギー消費性能の更なる向上を図るものとすること。

四　熱についてエネルギー源としての再生可能エネルギー源及び廃熱の利用を促進するものとすること。

五　国内の地域に存するエネルギー源から得られ、又は製造されたエネルギーのその地域における利用を促進するものとすること。

（再生可能エネルギー電気の供給量の増加）

第十一条　政府は、再生可能エネルギー電気の供給量を増加させるため、次に掲げる措置を講ずるものとする。

一　国等によるその設置する施設における再生可能エネルギー電気の利用を推進するものとすること。

二　電気についてエネルギー源としての再生可能エネルギー源の利用を促進するものとすること。

三　送電に係る事業と配電に係る事業の分離、電力系統の適正化等により再生可能エネルギー電気の供給を促進するものとすること。

四　地域の住民又は小規模の事業者の再生可能エネルギー電気の利用又は供給に係る自発的な協同組織の発達を図るものとすること。

（研究開発の推進等）
第十二条　政府は、原発廃止・エネルギー転換を実現するための改革を推進するため、実用発電用原子炉等の廃止及び再生可能エネルギー源の利用に関する研究開発その他の先端的な研究開発の推進並びにその成果の普及、研究者の養成その他の必要な措置を講ずるものとする。

第四章　原発廃止・エネルギー転換改革推進計画

第十三条　原発廃止・エネルギー転換改革推進本部は、この法律の施行後一年を目途として、前章に定める基本方針に基づき、原発廃止・エネルギー転換を実現するための改革の推進に関する計画（以下この条及び第十五条第一号において「原発廃止・エネルギー転換改革推進計画」という。）を定めなければならない。
2　原発廃止・エネルギー転換改革推進計画は、次に掲げる事項について定めるものとする。
一　全ての実用発電用原子炉等の計画的かつ効率的な廃止に関する事項
二　電気の需要量の削減に関する事項
三　再生可能エネルギー電気の供給量の増加に関する事項
四　前三号に掲げるもののほか、原発廃止・エネルギー転換を実現するための改革の推進のために講ずべき措置その他の必要な事項
3　原発廃止・エネルギー転換改革推進本部は、原発廃止・エネルギー転換改革推進計画を定めたときは、これを内閣総理大臣に報告しなければならない。

4　内閣総理大臣は、前項の規定による報告があったときは、原発廃止・エネルギー転換改革推進計画を国会に報告するとともに、その要旨を公表しなければならない。

5　前二項の規定は、原発廃止・エネルギー転換改革推進計画の変更について準用する。

第五章　原発廃止・エネルギー転換改革推進本部

（設置）

第十四条　原発廃止・エネルギー転換を実現するための改革を総合的かつ計画的に推進するため、内閣に、原発廃止・エネルギー転換改革推進本部（以下「本部」という。）を置く。

（所掌事務）

第十五条　本部は、次に掲げる事務をつかさどる。

一　原発廃止・エネルギー転換改革推進計画を策定し、及びその実施を推進すること。

二　前号に掲げるもののほか、原発廃止・エネルギー転換を実現するための改革に関する施策であって基本的かつ総合的なものの企画に関して審議し、及びその施策の実施を推進すること。

（組織）

第十六条　本部は、原発廃止・エネルギー転換改革推進本部長、原発廃止・エネルギー転換改革推進副本部長及び原発廃止・エネルギー転換改革推進本部員をもって組織する。

（原発廃止・エネルギー転換改革推進本部長）

第十七条　本部の長は、原発廃止・エネルギー転換改革推進本部長（以下「本部長」という。）とし、内閣総理大臣をもって充てる。

2　本部長は、本部の事務を総括し、所部の職員を指揮監督する。

（原発廃止・エネルギー転換改革推進副本部長）

第十八条　本部に、原発廃止・エネルギー転換改革推進副本部長（次項及び次条第二項において「副本部長」という。）を置き、国務大臣をもって充てる。

2　副本部長は、本部長の職務を助ける。

（原発廃止・エネルギー転換改革推進本部員）

第十九条　本部に、原発廃止・エネルギー転換改革推進本部員（次項において「本部員」という。）を置く。

2　本部員は、本部長及び副本部長以外の全ての国務大臣をもって充てる。

（資料の提出その他の協力）

第二十条　本部は、その所掌事務を遂行するため必要があると認めるときは、関係行政機関、地方公共団体及び独立行政法人（独立行政法人通則法（平成十一年法律第百三号）第二条第一項に規定する独立行政法人をいう。）の長並びに特殊法人（法律により直接に設立された法人又は特別の法律により特別の設立行為をもって設立された法人であって、総務省設置法（平成十一年法律第九十一号）第四条第一項第九号の規定の適用を受けるものをいう。）、認可法人（特別の法律により設立され、かつ、その設立に関し行政官庁の認可を要する法人をいう。）及び電気事業者の代表者に対して、資料の提出、意見の表明、説明その他の必要な協力を求めることができる。

2　本部は、その所掌事務を遂行するため特に必要があると認めるときは、前項に規定する者以外の者に対しても、必要な協力を依頼することができる。

（事務局）

第二十一条　本部に、その事務を処理させるため、事務局を置く。

2　事務局に、事務局長その他の職員を置く。

3　事務局長は、本部長の命を受け、局務を掌理する。

（主任の大臣）

第二十二条　本部に係る事項については、内閣法（昭和二十二年法律第五号）にいう主任の大臣は、内閣総理大臣とする。

（政令への委任）

第二十三条　この法律に定めるもののほか、本部に関し必要な事項は、政令で定める。

第六章　雑則

（原発廃止・エネルギー転換を実現するための改革の推進を担う組織の在り方に関する検討）

第二十四条　政府は、原発廃止・エネルギー転換を実現するための改革の推進を担う組織（本部を除く。）の在り方について検討を加え、その結果に基づいて必要な法制上の措置を講ずるものとする。

（国民の理解を深める等のための措置）

第二十五条　政府は、教育活動、広報活動等を通じて、原発廃止・エネルギー転換を実現するための改革に関し、国民の理解を深めるとともに、国民の協力を求めるよう努めなければならない。

附　則

この法律は、公布の日から施行する。ただし、第四章及び第五章の規定は、公布の日から起算して一月を超えない範囲内において政令で定める日から施行する。

理　由

原発廃止・エネルギー転換を実現するための改革に関し、基本的な理念及び方針を定め、国等の責務を明らかにし、並びに原発廃止・エネルギー転換改革推進計画の策定等について定めるとともに、原発廃止・エネルギー転換改革推進本部を設置することにより、原発廃止・エネルギー転換を実現するための改革を総合的かつ計画的に推進する必要がある。これが、この法律案を提出する理由である。

菅 直人　Kan Naoto
１９４６年山口県宇部市生まれ。衆議院議員、弁理士。70年東京工業大学理学部応用物理学科卒業。社会民主連合結成に参加し、80年衆議院議員選挙に初当選。94年新党さきがけに入党し、96年「自社さ政権」での第１次橋本内閣で厚生大臣に就任。同年、鳩山由紀夫氏らと民主党を結成し、党代表に就任。２０１０年6月第94代内閣総理大臣に就任(〜２０１１年9月)。著書に、『大臣』(岩波新書)、『東電福島原発事故　総理大臣として考えたこと』(幻冬舎新書)、『総理とお遍路』(角川新書)などがある。

ブックデザイン
櫻井 浩(⑥Design)

カバー協力
『フクシマ事故と東京オリンピック』
小出裕章(径書房)

図版作成・DTP
美創

原発事故10年目の真実
始動した再エネ水素社会

2021年2月25日　第1刷発行

著　者　菅 直人
発行人　見城 徹
編集人　福島広司
編集者　相馬裕子

発行所　株式会社 幻冬舎
〒151-0051　東京都渋谷区千駄ヶ谷4-9-7
電話　03(5411)6211(編集)
03(5411)6222(営業)
振替　00120-8-767643
印刷・製本所　株式会社 光邦

検印廃止

ISBN978-4-344-03754-0　C0095
幻冬舎ホームページアドレス　https://www.gentosha.co.jp/

この本に関するご意見・ご感想をメールでお寄せいただく場合は、
comment@gentosha.co.jpまで。